Katzen

Photos: Peter Andreas   Anthologie: Ingrid Strohschneider-Kohrs

Katzen

Spiel und Geheimnis

Ein literarisches Bilderbuch

Sonderausgabe 1988

ISBN 3 7658 0582 3

Da man die Katze streichelt, da ist sie gern.

SPRICHWORT

Komm, meine schöne Katze, an mein verliebtes Herz;
zieh nur die Krallen deiner Tatze ein und laß mich
tief in deine schönen Augen tauchen, in deren Glanz
Metall sich und Achat vermischen.

CHARLES BAUDELAIRE

Die Katzen sind nicht weniger in einem Hause, der Ratzen und Mäuse halber, nothwendig, als die Hunde; weil ohne deren Beystand schier unmüglich, sich dieses Ungeziefers (welches sich im Sommer fast alle Monaten vermehret) zu erwehren –

Die gantz schwartzen, grauen, schwartzfleckichten, und denen Wildkatzen ähnlichen, werden für die besten und nützlichsten gehalten, doch wegen ihrer näschigen und fürwitzigen Natur bedörffen sie große Aufsicht; sind sonst schmeichelhafftig und gern bey den Leuten, lassen ihnen auch gerne liebkosen –

Sie lieben die Sauberkeit, und hassen die Nässen, sie sollen des Nachtes gleich so scharff, als des Tages sehen. Man glaubt, wann sie sich putzen, und über die Ohren selbst streichen und säubern, sehen sie des Regenwetters Vorboten –

Man sagt, daß ihre Augenäpfel mit des Mondes Zu- und Abnehmen sich gleichförmig machen –

Ihr Leben währet selten über 10 Jahr; wann sie fleißig sind, Ratzen und Mäuse zu fangen, muß man ihnen ein Butter auf Brod gestrichen und ein wenig frischen Speck zu fressen geben –

Fremde alte Katzen bleiben ungerne, wo es Hunde giebt, darum sind am besten, die im Hause gebohren, oder gar jung hinein gebracht, und zu den Hunden von Jugend an gewehnet werden. –

GEORGICA CURIOSA, 1682

Blanche

Jung,
Auf dem Sprung,
Nicht bös,
Graziös.

Auch ein weibliches Wesen ist um mich her, das in meinem Haushalt die Ergänzung zu Rasumofsky bildet. Es ist, um mich in Rückertschen Anklängen zu bewegen, eine feine Reine, schlanke Kleine, die ich mit Rücksicht auf ihre Erscheinung *Blanche* getauft habe. Sie ist ganz weiß, und nur auf der Stirne, als Zeichen edelster Abstammung, hat sie einen braunen und schwarzen Tigerstreifen. Sie ist noch ganz Kind, ganz unbefangen, faßt das Leben von der heiteren und Vergnügungsseite auf und betrachtet sich selbst als bloßes Ornament des Daseins. Sie kennt keine andere Pflicht als die, sich zu putzen und sich streicheln zu lassen; sie könnte nach allem eine Engländerin sein. Nur ihrer Grazie nach ist sie Französin.

Ich engagierte sie zunächst aus bloßen Nützlichkeitsrücksichten und erwartete von ihr, wie jetzt das Modewort lautet, einen «guerre d'extermination» gegen den Erbfeind; aber niemals ist eine Erwartung gründlicher getäuscht worden. Sie scheint kaum zu wissen, daß es Feinde gibt, geschweige Erbfeinde; sie führt ihren Exterminationskrieg gegen Gardinenkanten, gegen alles, was Puschel oder Quaste heißt; über Nacht aber, wenn der Feind seine Vorposten schickt, horcht sie auf, spinnt dann einen Augenblick vergnüglich und schläft wieder ein. Dennoch – dies Anerkenntnis bin ich ihr schuldig – übt sie einen gewissen Einfluß, aber freilich ohne die geringste Ahnung davon; sie wirkt wie das *Bild* des Tigers, das die Chinesen, zum Schrecken für den Feind, an die Außenwand des Hauses stellen.

Sie ist ganz Spielzeug, und ich habe es längst aufgegeben, Ernsteres von ihr zu erwarten. Es liegt nicht in ihr. Sie ist mir Schauspiel, Augenweide, Zirkusschönheit, im Hoch- und Weitsprung gleich ausgezeichnet, und den Tag über an der Klingelschnur zu Hause. Sie behandelt dieselbe als Trapez, was sie ungehindert kann, da die betreffende, aus Bast geflochtene Korde das Schicksal der meisten ihrer Schwestern teilt, eine bloße höchst fragwürdige Stubendekoration zu sein.

Blanche, wie gesagt, ist die Ergänzung zu Rasumofsky; was jener meinem Geiste ist, ist diese meinen Sinnen. Wenn ich mit dem erstern, in jener Simplizität, die alles Große begleitet, die Tagesangelegenheiten behandle, also in rascher Reihenfolge die Fragen stelle: Wie ist das Wetter? Was macht Paris? Nichts von Frieden? – so gehört mein *Auge* ganz der kleinen Weißen, die wie ein alabasterner Briefbeschwerer auf meinem Schreibtisch neben mir liegt. Nun erhebt sie sich, um zwischen Uhr, Teetasse und Tintenfaß jene Spaziergänge auszuführen, die eben nur jenem Geschlechte möglich sind, dem Blanche angehört. Werde ich endlich ungeduldig, so weiß sie diese Ungeduld zu sänftigen. Der Tisch hat einen Aufsatz von sechs Fächern, jedes nur so groß, um eine Hand hinein zu legen. In alle sechs Fächer duckt sie sich der Reihe nach hinein und blickt mich aus dieser Umrahmung schelmisch an. Das sind die letzten Mittel, denen nicht zu widerstehen ist.

Um 8 Uhr, nachdem wir unsern Tee genommen, für den sie eine distinguierte Vorliebe zeigt, gehen wir zu Bett; sie ist aber noch nicht müde und unterhält mich eine Viertelstunde lang durch die wunderbarsten Kapriolen. Um halb neun endlich, wo abwechselnd ein Trompeter von den Schleswiger Husaren und den Gardeulanen auf den Kasernenhof tritt, um die preußischen Kavalleriesignale zu blasen, wird Blanche stiller und schiebt sich, wie zu einer letzten Liebkosung, an meinen Hals zwischen Kopf und Schulter. So vergehen Minuten. Eine Viertelstunde später tritt aus dem Kasernenflügel gegenüber ein *französischer* Trompeter auf den Hof hinaus und antwortet dem Preußen oder besiegelt den Appell.

Nun weiß Blanche, daß es Zeit ist. Sie erhebt sich summend und spinnend und legt sich am Fußende des Bettes auf die vierfach zusammengefaltete Reisedecke.

Das Feuer im Kamin erlischt. So schlafen wir, bis die Reveille uns weckt.

THEODOR FONTANE

Wie heißen die Katzen? gehört zu den kniffligsten Fragen
Und nicht in die Rätselecke für jumperstrickende Damen.
Ich darf Ihnen, ganz im Vertrauen, sagen:
Eine jede Katze hat *drei verschiedene Namen.*
Zunächst den Namen für Hausgebrauch und Familie,
Wie Paul oder Moritz (in ungefähr diesem Rahmen),
Oder Max oder Peter oder auch Petersilie –
Kurz, lauter vernünft'ge, alltägliche Namen.
Oder, hübscher noch, Murr oder Fangemaus
Oder auch, nach den Mustern aus klassischen Dramen:
Iphigenie, Orest oder Menelaus –
Also immer noch ziemlich vernünft'ge, alltägliche Namen.
Doch nun zu dem nächsten Namen, dem zweiten:
Den muß man besonders und anders entwickeln.
Sonst könnten die Katzen nicht königlich schreiten,
Noch gar mit erhobenem Schwanz perpendikeln.
Zu solchen Namen zählt beispielsweise
Schnurroaster, Tatzitus, Katzastrophal,
Kralline, Nick Kater und Kratzeleise –
Und jeden der Namen gibt's nur einmal.
Doch schließlich hat jede noch einen dritten!
Ihn kennt nur die Katze und gibt ihn nicht preis.
Da nützt kein Scharfsinn, da hilft kein Bitten.
Sie bleibt die einzige, die ihn weiß.
Sooft sie versunken, versonnen und
Verträumt vor sich hinstarrt, ihr Herren und Damen,
Hat's immer und immer den gleichen Grund:
Dann denkt sie und denkt sie an diesen Namen –
Den unaussprechlichen, unausgesprochenen,
Den ausgesprochenen unaussprechlichen,
Geheimnisvoll dritten Namen.

Unser Katz hat Katzerl g'habt,
Dreie, sechse, neune,
Eines hat ein Ringerl auf,
Dieses ist das meine.

Kinderlied

Die Katze geht ihre eigenen Wege

Hör zu und paß auf und gib acht, denn dies ereignete und begab sich und trug sich zu, als die Haustiere noch wild waren. Der Hund war wild, und das Pferd war wild, die Kuh war wild, und das Schaf war ebenso wild, und das Schwein war so wild, wie es nur sein konnte, und alle liefen auf wilden Wegen im nassen wilden Wald herum. Aber das wildeste aller wilden Tiere war die Katze. Sie ging ihre eigenen Wege, und es war ihr gleichgültig, wohin diese Wege sie führten.

Natürlich war der Mensch auch wild. Er war sogar furchtbar wild. Und er dachte nicht daran, zahmer zu werden, bis eines Tages der Mann die Frau traf und die Frau dem Mann sagte, daß es ihr nicht gefiele, auf so wilde Weise zu leben. Sie suchte eine hübsche trockene Höhle als Schlafstätte aus, weil ihr das Lager des Mannes, ein Haufen nasser Blätter, nicht angenehm genug war, und sie streute sauberen Sand auf den Boden und machte ein feines Holzfeuer hinten in der Höhle und hing – mit dem Schwanz nach unten – die getrocknete Haut eines wilden Pferdes vor den Eingang der Höhle und sagte: «Streich dir die Füße ab, wenn du nach Hause kommst, mein Herz, und nun wollen wir ein glückliches Familienleben anfangen.»

An diesem Abend aßen sie wildes Hammelkotelett, das sie auf heißen Steinen geröstet und mit wildem Knoblauch und wildem Pfeffer gewürzt hatten. Als zweiten Gang aßen sie Wildente, die mit wildem Reis, wilden Kastanien und wilden Äpfeln gefüllt war, und schließlich Brötchen, die mit dem Mark wilder Ochsen belegt waren, dazu wilde Kirschen und wilden Kuhkäse. Darauf legte sich der Mann dicht vor dem Feuer zum Schlafen nieder und schlief selig ein, aber die Frau blieb noch auf und kämmte ihr Haar.

Dann nahm sie den Schulterknochen eines Hammels – jenen großen flachen Knochen – und sah sich an, wie merkwürdig er gezeichnet war. Sie warf mehr Holz in das Feuer, und dann machte sie einen Zauber. Dies war der erste Zauber, der je in der Welt gemacht worden ist.

Draußen in den nassen wilden Wäldern standen alle die wilden Tiere beieinander und sahen nach dem Schein des Feuers hinüber, das weithin sichtbar war, und sie zerbrachen sich die Köpfe, was es bedeuten könne.

Da stampfte das wilde Pferd mit seinem wilden Huf auf und sagte: «O Freunde und

Feinde, warum haben der Mann und die Frau ein so großes Licht in der großen Höhle gemacht, und wieviel Böses haben wir davon zu erwarten?»

Der wilde Hund streckte seine wilde Nase empor und erschnüffelte das wilde Hammelkotelett und sagte: «Ich will hingehen und nachsehen und euch Bescheid sagen – das kann uns ganz nützlich sein. Katze, du sollst mich begleiten.»

«Nein, nein», sagte die Katze, «ich bin die Katze, die ihre eigenen Wege geht. Ich pflege nicht in Begleitung zu gehen. Ich komme nicht mit.»

«So werden wir nie wieder Freunde sein», sagte der wilde Hund und machte sich auf den Weg nach der Höhle. Als er ein kleines Stückchen fort war, sagte die Katze zu sich selbst: «Mir ist's gleichgültig, wohin meine Wege führen. Warum soll ich nicht auch dorthin gehen und mir alles ansehen und wieder fortgehen, wie es mir paßt!» So schlich sie dem wilden Hund leise, ganz leise nach und versteckte sich an einer Stelle, wo sie alles mitanhören konnte.

Als der wilde Hund an den Eingang der Höhle kam, schob er die getrocknete Pferdehaut mit seiner Nase empor und sog den Duft des wilden

Hammelkoteletts mit vollen Zügen ein. Als die Frau, die noch immer den Schulterknochen betrachtete, ihn bemerkte, lachte sie und sagte: «Da kommt der erste. Wildes Tier aus wildem Wald, was willst du?»

Der Hund antwortete: «O Feindin und Frau meines Feindes, was riecht so herrlich im wilden Wald?»

Da nahm die Frau einen schönen Knochen, der von einem wilden Hammelkotelett übriggeblieben war, warf ihn dem Hund hinüber und sagte: «Wildes Tier aus wildem Wald, koste und friß.» Der Hund nagte den Knochen ab und fraß ihn auf, und er schmeckte herrlicher als alles, was er jemals gegessen hatte, und er sagte: «O Feindin und Frau meines Feindes, gib mir noch einen.»

Die Frau antwortete: «Wildes Tier aus wildem Wald, hilf am Tage meinem Mann jagen und bewache die Höhle in der Nacht, und ich gebe dir so viele Knochen, wie du willst.»

«Aha», sagte die Katze in ihrem Versteck, «das ist eine kluge Frau, aber sie ist nicht so klug wie ich.»

Der wilde Hund kroch in die Höhle und legte seinen Kopf der Frau in den Schoß und sagte: «O Freundin und Frau meines Freundes, am Tage will ich deinem Mann jagen helfen, und nachts will ich deine Höhle bewachen.»

«Aha!» sagte die Katze in ihrem Versteck, «das ist ein zu blöder Hund.» Und sie wandelte zurück durch die nassen wilden Wälder, schwenkte ihren Schwanz und ging ihre eigenen wilden Wege. Aber sie erzählte niemandem ein Wort.

Als der Mann aufwachte, sagte er: «Was tut der wilde Hund hier?»

Und die Frau antwortete: «Er ist kein wilder Hund mehr, sondern unser bester Freund, denn er will für ewig und alle Zeit bei uns bleiben. Nimm ihn mit, wenn du auf die Jagd gehst.»

Am nächsten Abend schnitt die Frau auf den Wasserwiesen große grüne Büschel frisches und schönstes Gras ab, viele Armvoll, und trocknete es vor dem Feuer, daß es wie frisch gemähtes Heu duftete. Sie setzte sich an den Eingang der Höhle und flocht einen Halfter aus Pferdehaut und betrachtete wieder den Hammelknochen, den großen flachen Schulterknochen, und versuchte von neuem ihren Zauber. Dies war der zweite Zauber, der in der Welt geschah.

Draußen in den wilden Wäldern waren all die wilden Tiere besorgt, was wohl dem wilden Hund zugestoßen sein konnte, und schließlich stampfte das wilde Pferd mit seinem Huf auf und sagte:

«Ich will gehen und nachsehen und euch Bescheid sagen, warum der wilde Hund nicht wiedergekommen ist. Katze, begleite mich.»

«Nein, nein», sagte die Katze, «ich pflege stets meine eigenen Wege zu gehen. Ich begleite dich nicht.» Aber trotzdem folgte sie dem wilden Pferd leise, ganz leise, und verbarg sich an derselben Stelle, wo sie alles genau hören konnte.

Als die Frau das wilde Pferd stampfen und über seine lange Mähne stolpern hörte, lachte sie und sagte: «Da kommt der zweite. Wildes Tier aus wildem Wald, was willst du?»

Das wilde Pferd antwortete: «O Feindin und Frau meines Feindes, wo ist der wilde Hund?»

Die Frau lachte, nahm den Schulterknochen auf und sah ihn an und sprach: «Wildes Tier aus wildem Wald, du bist gar nicht wegen des wilden Hundes gekommen, sondern weil du dies herrliche Heu gewittert hast.»

Und das Pferd sagte stampfend und schnaubend: «Du hast recht – gib mir etwas davon.»

Die Frau sagte: «Wildes Tier aus wildem Walde, beuge dein stolzes Haupt und trage, was ich dir aufpacke, dann sollst du dreimal am Tage herrliches Heu von mir bekommen.»

«Aha!» sagte die Katze in ihrem Versteck, «das ist wirklich eine sehr kluge Frau, aber sie ist nicht so klug wie ich.»

Da beugte das Pferd sein stolzes Haupt, und die Frau streifte ihm schnell den Halfter aus Pferdehaut über, und das Pferd sagte, mit dem Kopf vor den Füßen der Frau: «O Herrin und Frau meines Herrn, ich will gerne dein Diener sein, wenn ich dies herrliche Heu immer bekomme.»

«Aha!» sagte die Katze in ihrem Versteck, «das ist ein zu albernes Roß!» Und sie wandelte nach Hause durch den nassen wilden Wald, schwenkte ihren wilden Schwanz und ging auf ihren eigenen wilden Wegen. Wieder erzählte sie niemandem ein Wort.

Als der Mann und der Hund von der Jagd nach Hause kamen, sagte der Mann: «Was macht denn das wilde Pferd hier?» Und die Frau antworte-

te: «Es ist kein wildes Pferd mehr, sondern unser bester Diener, denn es wird uns für ewig und alle Zeit von Ort zu Ort tragen. Reite auf seinem Rücken, wenn du zur Jagd willst.»

Am nächsten Tag ging die wilde Kuh nach der Höhle. Sie hielt ihren wilden Kopf, so hoch sie nur konnte, damit ihre wilden Hörner nicht im wilden Gebüsch hängenblieben, und die Katze folgte ihr und versteckte sich wie zuvor.

Und alles geschah ganz genau wie zuvor, und die Katze sagte genau dasselbe wie zuvor, und als die wilde Kuh versprochen hatte, der Frau jeden Tag ihre Milch zu geben, und die Frau versprochen hatte, daß die Kuh jeden Tag von dem herrlichen Klee bekommen sollte, der im Garten der Frau wuchs, da ging die Katze durch den wilden nassen Wald nach Hause und schwenkte ihren Schwanz auf einsam-wilden Wegen, genau wie zuvor. Und sie erzählte wieder niemandem ein Wort.

Als der Mann mit dem Pferd und dem Hund von der Jagd nach Hause kam und dieselben Fragen gestellt hatte wie zuvor, sagte die Frau: «Das ist jetzt kein wildes Tier mehr, sondern sie schenkt uns herrliches Essen. Für ewig und alle Zeit wird sie uns ihre warme weiße Milch geben, und ich werde für sie sorgen, während du mit deinem treuesten Freund und deinem besten Diener auf die Jagd gehst.»

Am nächsten Tage paßte die Katze auf, ob wieder ein wildes Tier nach der Höhle gehen würde, aber nichts rührte sich im nassen wilden Wald. So ging die Katze ihre eigenen Wege, und sie sah die Frau die Kuh melken und sah den Feuerschein in der Höhle und roch die herrliche weiße Milch.

Die Katze sagte: «O Feindin und Frau meines Feindes, wo mag nur die wilde Kuh sein?»

Die Frau lachte und sagte: «Wildes Tier aus wildem Wald, geh wieder nach Hause, denn ich habe den Schulterknochen mit seinen Zauberkräften fortgelegt, weil wir keine Freunde oder Diener in unserer Höhle mehr brauchen können.»

Die Katze sagte: «Ich bin kein Freund, ich bin kein Diener, ich bin die Katze und gehe meine eigenen Wege, und ich wünsche in die Höhle gelassen zu werden.»

Die Frau sagte: «Warum bist du denn nicht mit unserem besten Freund in der ersten Nacht gekommen?»

Die Katze wurde sehr ungehalten und sagte: «Hat der wilde Hund mich etwa bei dir verklatscht?»

Da lachte die Frau und sagte: «Ich denke, du gehst deine eigenen Wege? Ich denke, du bist weder Freund noch Diener? Also bitte, begib dich auf deine eigenen Wege, wohin sie dich auch führen.»

Da tat die Katze so, als ob sie sehr traurig wäre, und sagte: «Darf ich wirklich nicht in die Höhle hinein? Darf ich niemals am warmen Feuer sitzen? Darf ich niemals warme weiße Milch trinken? Du bist so klug und schön. Du solltest zu einer Katze nicht so grausam sein.»

Die Frau sagte: «Ich weiß, daß ich klug bin, aber ich wußte nicht, daß ich schön bin. Ich danke dir für das Kompliment, und darum will ich ein Abkommen mit dir treffen. Wenn ich auch nur einmal von dir etwas Gutes sage, dann darfst du in die Höhle kommen.»

«Und wenn du es zweimal sagst?» fragte die Katze.

«Darauf kannst du lange warten», sagte die Frau. «Aber schön: wenn ich zweimal von dir etwas Gutes sage, darfst du in der Höhle am Feuer sitzen.»

«Und wenn du es dreimal sagst?» fragte die Katze.

«Unmöglich», sagte die Frau. «Aber wenn ich wirklich drei gute Worte für dich übrig habe, bekommst du von mir auf ewig und alle Zeit dreimal am Tage die schöne weiße warme Milch zu trinken.»

Da machte die Katze einen Buckel und sagte: «Mögen denn der Vorhang am Eingang der Höhle und das Feuer am Ende der Höhle und die Milchtöpfe, die neben dem Feuer stehen, nie vergessen, was meine Feindin und Frau meines Feindes gesagt hat.» Und sie wandelte fort durch den nassen wilden Wald, schwenkte ihren wilden Schwanz und suchte sich ihre einsam-wilden Wege.

Als am Abend der Mann mit dem Pferd und dem Hund von der Jagd nach Hause kam, erzählte die Frau nichts von dem Abkommen, das sie mit der Katze getroffen hatte, weil sie Angst hatte, daß er sich darüber ärgern könnte.

Die Katze ging weit, weit fort und versteckte sich in den nassen wilden Wäldern auf den allereinsamsten Wegen für eine lange Zeit, bis die Frau sie und das Abkommen längst vergessen hatte. Nur die Fledermaus – die kleine Kopf-nach-unten-Fledermaus –, die sich im Inneren der Höhle aufzuhängen pflegte, wußte, wo sich die Katze versteckt hatte, und jeden Abend flog sie zur Katze und erzählte ihr, was sich Neues zugetragen hatte.

Eines Abends sagte die Fledermaus: «Sie haben ein Baby in der Höhle. Es ist rund und rosig und neu und winzig, und die Frau hat es sehr lieb.»

«Aha!» sagte die Katze, «und wen hat das Baby lieb?»

«Das Baby hat alles lieb, was weich ist und kitzelt», sagte die Fledermaus. «Es hält gern etwas Warmes im Arm, wenn es einschlafen will. Es hat sehr gern, wenn man mit ihm spielt.»

«Aha!» sagte die Katze, «dann ist meine Zeit gekommen.»

In der nächsten Nacht wanderte die Katze durch den nassen wilden Wald und versteckte sich nahe der Höhle, bis der Morgen kam und der Mann mit dem Pferd und dem Hund zur Jagd ging. Die Frau hatte an diesem Morgen gerade viel mit dem Kochen zu tun, und das kleine Kind schrie und störte sie unaufhörlich. Sie trug es vor die Höhle und gab ihm eine Handvoll schöne bunte Steine zum Spielen. Aber das kleine Kind schrie immer weiter.

Da streckte die Katze ihre weiche Pfote aus und streichelte dem Kind über die Backe,

und das Kind quiekte vor Vergnügen. Dann rieb sich die Katze an seinen dicken Knien und kitzelte es mit dem Schwanz an seinem dicken Kinn. Und das Kind lachte. Als das die Frau hörte, lächelte sie.

Da sagte die Fledermaus, die sich im Inneren der Höhle aufgehängt hatte: «O gnädige Gastgeberin und Frau meines gnädigen Gastgebers und Mutter des gnädigen Sohnes meines Gastgebers, ein wildes Tier aus dem wilden Wald spielt ganz herrlich mit deinem Kind.»

«Tausend Dank dem lieben wilden Tier», sagte die Frau und richtete sich von ihrer Arbeit auf, «denn ich hatte heute früh sehr viel zu tun, und es hat mir einen großen Dienst erwiesen!»

In derselben Minute und Sekunde fiel die getrocknete Pferdehaut, die mit dem Schwanz nach unten vor den Eingang der Höhle gespannt war, herunter – rrrups! –, denn sie erinnerte sich an das Abkommen, das die Frau mit der Katze getroffen hatte, und als die Frau die Haut wieder aufhängen wollte – sieh und staune! –, saß die Katze ganz gemütlich im Eingang der Höhle.

«Oh, Feindin und Frau meines Feindes und Mutter meines Feindes», sagte die Katze, «ich bin es nur, mit Verlaub. Du hast etwas Gutes über mich gesagt, und nun darf ich für ewig und alle Zeit in der Höhle sitzen. Aber ich bleibe trotzdem die Katze, die ihre eigenen Wege geht.»

Die Frau ärgerte sich, biß die Lippen zusammen, nahm ihr Spinnrad und begann zu spinnen.

Aber das Baby schrie, weil die Katze nicht mehr bei ihm war, und die Mutter konnte es nicht beruhigen. Es strampelte und schlug um sich und wurde ganz blau im Gesicht.

«Oh, Feindin und Frau meines Feindes und Mutter meines Feindes», sagte die Katze, «nimm einen Faden von dem Garn, das du gerade spinnst, und binde einen Stein daran und ziehe ihn über den Boden. Ich will dir einen Zauber zeigen, der dein Baby so laut lachen läßt, wie es jetzt weint.»

«Das will ich tun», sagte die Frau, «denn ich weiß mir nicht mehr anders zu helfen, aber diesmal werde ich mich nicht bei dir bedanken.»

So band sie denn einen kleinen Stein an den Faden und zog ihn über den Boden, und die Katze sprang dem Stein nach, nahm ihn zwischen ihre Pfoten, ließ ihn los, kugelte kopfüber hinter ihm her, warf ihn sich über die Schulter, stieß ihn zwischen ihre Hinterbeine, tat so, als hätte sie ihn verloren, und dann sprang sie plötzlich mit einem Satz auf ihn drauf, bis das Baby so laut lachte, wie es vorher geweint hatte. Es reckte die Ärmchen nach der Katze und jubelte, daß die Höhle widerhallte, bis es müde wurde und sich zum Schlafen hinlegte – die Katze im Arm.

«Jetzt», sagte die Katze, «werde ich dem Kind ein Lied singen, daß es eine Stunde lang schlafen soll.» Und sie begann zu schnurren, laut und leise, leise und laut, bis das Baby fest eingeschlafen war. Die Frau lächelte, als sie auf die beiden hinabsah, und sagte:

«Das hast du fein gemacht! Du bist wirklich sehr gescheit, liebe Katze.»

In dieser selben Minute und Sekunde kam der Rauch des Feuers in dichten Wolken vom Ende der Höhle herangequalmt – pfff! –, denn er erinnerte sich an das Abkommen, das die Frau mit der Katze getroffen hatte, und als sich der Rauch verzogen hatte – jetzt sieh und staune! –, saß die Katze gemütlich dicht beim Feuer.

«O Feindin und Frau meines Feindes und Mutter meines Feindes», sagte die Katze, «du hast jetzt zum zweitenmal etwas Gutes über mich gesagt, und jetzt darf ich neben dem warmen Feuer am Ende der Höhle für ewig und alle Zeiten sitzen. Aber ich möchte ausdrücklich bemerken, daß ich trotzdem noch meine eigenen Wege zu gehen gedenke.»

Da hat sich die Frau sehr, sehr geärgert, und sie warf mehr Holz auf das Feuer und suchte den großen flachen

Schulterknochen des Hammels hervor und fing an, einen Zauber zu machen, der sie davor bewahren sollte, ein drittes Mal etwas Gutes über die Katze zu sagen.

Es war ein ganz stiller Zauber, und nach und nach wurde es so still in der Höhle, daß ein kleines Mäuschen aus einem Loch in der Ecke herauskam und über den Boden lief.

«O Feindin und Frau meines Feindes und Mutter meines Feindes», sagte die Katze, «gehört diese kleine Maus auch zu deinem Zauber?»

«Huh, nein, ksch», rief die Frau und legte den Schulterknochen nieder, so schnell sie konnte, und sprang auf den Schemel am Feuer, weil sie Angst hatte, daß die Maus ihr die Röcke hinauflaufen würde.

«Aha!» sagte die Katze, «dann wirst du wohl nicht böse sein, wenn ich die Maus fresse?»

«Nein», sagte die Frau und hielt ihre Röcke hoch, «friß sie schnell, und ich will dir auch immer dankbar sein.»

Die Katze tat einen Sprung und fing die kleine Maus, und die Frau sagte: «Tausend Dank! Selbst unser treuester Freund, der Hund, ist nicht geschickt genug, um eine Maus so schnell zu fangen wie du. Du mußt wirklich sehr schlau sein.»

In dieser Minute und Sekunde krachte der Milchtopf, der neben dem Feuer stand, in zwei Teile – kllkr! –, denn er erinnerte sich an das Abkommen, das die Frau mit der Katze getroffen hatte, und als die Frau von dem Schemel herabgesprungen war – sieh und staune! – schleckte die Katze die warme weiße Milch, die in dem zerbrochenen Topf gewesen war.

«O Feindin und Frau meines Feindes und Mutter meines Feindes», sagte die Katze, «jetzt hast du zum drittenmal etwas Gutes von mir gesagt, und jetzt darf ich für ewig und alle Zeit die weiße warme Milch dreimal am Tage trinken. Aber trotzdem – merk dir das! – bleibe ich die Katze, die stets ihre eigenen Wege geht.»

Da lachte die Frau und stellte der Katze einen Napf mit schöner warmer Milch hin und sagte: «O Katze, du bist so klug wie ein Mensch, aber jetzt denke daran, daß du mit dem Mann und mit dem Hund kein Abkommen getroffen hast! Ich weiß nicht, was sie tun werden, wenn sie nach Hause kommen.»

«Was geht das mich an?» sagte die Katze. «Wenn ich meinen Platz in der Höhle beim Feuer habe und meine Milch täglich dreimal bekomme, kümmere ich mich nicht darum, was der Mann und der Hund tun.»

Als an diesem Abend der Mann und der Hund in die Höhle kamen, erzählte ihnen die Frau die ganze Geschichte, während die Katze am Feuer saß und lachte. Da sagte der Mann: «Schön und gut, aber mit mir und allen richtigen Männern, die nach mir kommen, hat die Katze kein Abkommen getroffen.» Dann zog er seine schweren Stiefel aus und nahm eine kleine Steinaxt (das waren schon drei Gegenstände), und schließlich holte er sich ein Scheit Holz und ein Beil (das wären alles in allem fünf Gegenstände!) und legte sie alle in eine Reihe und sagte:

«Jetzt wollen auch wir unser Abkommen treffen. Wenn du nicht für ewig und alle Zeit Mäuse fängst, werde ich mit diesen fünf Gegenständen nach dir werfen, sooft ich dich sehe, und so werden es alle richtigen Männer machen, die nach mir kommen.»

«Aha», dachte die Frau, «die Katze ist wohl sehr klug, aber der Mann ist noch klüger.»

Die Katze betrachtete sich die fünf Gegenstände (sie sahen recht kantig aus) und sagte: «Ich will für ewig und alle Zeit Mäuse fangen. Aber das sage ich gleich: Ich bleibe trotzdem die Katze, die stets ihre eigenen Wege geht.»

«Nicht, wenn ich da bin», sagte der Mann. «Wenn du das jetzt nicht gesagt hättest, würde ich diese fünf Sachen für ewig und alle Zeit fortgelegt haben. Aber von nun an werde ich meine Stiefel und meine Axt nach dir werfen, sooft ich dich sehe.»

Darauf sagte der Hund: «Einen Augenblick, bitte. Die Katze hat mit mir noch keinen Vertrag gemacht, mit mir und allen richtigen Hunden, die nach mir kommen.» Er zeigte seine Zähne und fuhr fort: «Wenn du nicht nett zu dem kleinen Kind bist, für ewig und alle Zeit, werde ich dich jagen, bis ich dich packen kann, und wenn ich dich gepackt habe, werde ich kräftig zubeißen. Und das werden alle Hunde machen, die nach mir kommen.»

«Aha», dachte die Frau, «die Katze ist schon recht klug, aber der Hund ist viel klüger.»

Die Katze zählte die Zähne des Hundes (sie sahen recht spitz aus) und sagte: «Ich will nett zu dem Kind sein, solange es mich nicht zu arg am Fell rupft, für ewig und alle Zeit. Aber ich bleibe und bleibe trotz allem die Katze, die ihre eigenen Wege gehen wird!»

«Nicht, wenn ich in der Nähe bin», sagte der Hund. «Wenn du das jetzt nicht gesagt hättest, würde ich dir für ewig und alle Zeit meine Zähne niemals wieder gezeigt haben; aber von nun an werde ich dich auf einen Baum hinaufjagen, sooft ich dich treffe.»

Dann warf der Mann seine zwei Stiefel und seine kleine Axt nach der Katze, und die Katze rannte aus der Höhle hinaus, und der Hund jagte sie auf einen Baum hinauf, und von jenem Tag an werfen drei richtige Männer von fünfen alles mögliche Zeug nach einer Katze, sooft sie eine treffen, und jeder richtige Hund jagt sie auf einen Baum. Aber die Katze hält ihr Abkommen auch. Sie fängt Mäuse und ist nett zu kleinen Kindern, sooft sie im Hause ist und solange sie ihr nicht das Fell zu sehr rupfen.

Aber danach, und auch zwischendrin, und wenn der Mond aufgeht, und wenn die Nacht kommt, dann geht die Katze auf ihren eigenen Wegen. Dann wandelt sie hinaus in den nassen wilden Wald oder klettert auf nasse wilde Bäume oder auf nasse wilde Dächer und schwenkt ihren wilden Schwanz auf einsam-wilden Pfaden.

RUDYARD KIPLING

Abuherriras Katze hier
Knurrt um den Herrn und schmeichelt:
Denn immer ist's ein heilig Tier
Das der Prophet gestreichelt.

JOHANN WOLFGANG VON GOETHE

Den Laut, den die Katzen, insonderheit, wenn man sie streichelt, von sich geben, nennt man das *Schnurren*, oder Spinnen; und den Laut, welchen sie machen, wenn sie sich gegen einen Hund vertheidigen, welcher dem Niesen gleicht, das *Pfuchzen*.

Auch die allerzahmesten lassen sich zu keinen häuslichen Diensten gebrauchen. Man kann sie vielmehr völlig frey nennen, weil sie thun, was ihnen einfällt, und nichts vermögend ist, sie an einem Orte zu erhalten, wo sie nicht Lust haben, länger zu verweilen.

Die Katzen lieben die Freyheit ungemein, und lassen sich nicht gern einsperren. Daher man an ihnen wahrgenommen hat, daß, wenn sie an einem Orte, um Mäuse zu fangen, eingesperret werden, sie ihr Amt nicht so gut verrichten, als wenn sie frey herum spatzieren können. Weswegen auch der Cardinal Mazarin von ihnen schreibt: «Die Katze ist ein Zeichen der Freyheit, und wurde von den alten Schwaben wegen dieser Deutung in den Fahnen geführt».

Die Katzen beweisen eine Sorgfalt wegen künftiger Widerwärtigkeiten, und müssen demnach eine Vorstellung von der Zukunft haben. Eine Katze trägt z. B. ihre Jungen von dem Ort fort, wo man sie gestöret hat. Kommt sie zu einem Milch-Topfe, worin gekochte und heiße Milch ist, so wirft sie erst den Topf um, damit die Milch kalt werde, und sie sich nicht verbrenne. Sie probiert nicht aus dem Topfe zu saufen, wenn sie gleich bequem dazu gelangen kann, bloß aus Sorgfalt, sich nicht zu verbrennen.

Zur Gemüthsart der Katzen gehört auch, daß sie schmeichelnd und zuweilen treu sind. Wenn man sie ruft, schmeicheln sie sich an einem an, schnurren (spinnen), und stellen sich überaus freundlich; –

In einigen Gegenden von Ägypten wurde die Katze sehr hoch gehalten und verehret. Man bethete sie unter ihrer natürlichen Gestalt, oder auch unter der Figur eines Menschen mit einem Katzen-Kopfe an. Derjenige, welcher aus Unvorsichtigkeit oder mit Vorsatze eine Katze tödtete, wurde auf das härteste bestraft. Es wurde dieses Thier daselbst für das Sinnbild der Isis oder des Mondes angesehen. Man glaubte, daß sich zwischen diesem Thiere und dem Monde, sehr viele Ähnlichkeit fände.

Merkwürdig ist es auch, was de la Parte von der Hochachtung der Muhamedaner für die Katzen schreibt. –
Man sieht noch heutigen Tages mehr als Ein Hospital, zum Besten dieser Thiere gestiftet. Diese Denkungsart scheint sich auf die Fabel zu gründen, daß Muhamed, als er einstmahls studiert hatte, und ihm eine Katze auf seinem Rock-Ärmel eingeschlafen war, er aber eilends zu Abwartung seines Gottesdienstes gehen müssen, er sich den Ärmel vom Rocke habe abschneiden lassen, um nicht die Katze in ihrer Ruhe zu stören. Unstreitig würde Muhamed, in ähnlichen Fällen auch heut zu Tage noch getreue Nachfolger finden; denn es gibt sehr viele Menschen, welche die Katzen mit einer wirklichen Art von Leidenschaft lieben.

KRÜNITZ, 1786

Wer einmal beobachtet, wie die
Katze die Sperlinge überlistet,
obschon sie sich vorsehen und ge-
schwind davonfliegen, der stellt fest,
daß sie auf die Jagd geht nach der Art

des Panthers und des Löwen; und wer
einmal gesehen hat, wie sie mit einem
Satz nach Heuschrecken im Fluge
emporspringt, der weiß, daß sie
schneller als die Heuschrecken ist.

Tierbuch des Dschâhis, 9. Jahrhunder

Herrn Schleckerjan sieht man Haut und Knochen nicht an –
Nein, er ist feist, und sein Fett ist schier.
Er, der Kneipen verschmäht, geht nur in Klubs früh und spät,
Denn St. James Street ist sein Revier.
Von allen wird er gegrüßt und hofiert,
wenn er die Straße entlang flaniert
Im schwarzen Rock aus gewähltem Tuch.
Kein Mäusefänger im Land trägt Hosen so elegant
Und den Rücken so frei von Fluch.
In ganz St. James ist kein Name so vornehm und fein
Wie der dieses Dandys der Katzen;
Und wir sind alle stolz und geehrt, wenn ein Neigen,
ein Nicken beschert
Herr Schleckerjan mit schneeweißen Tatzen.

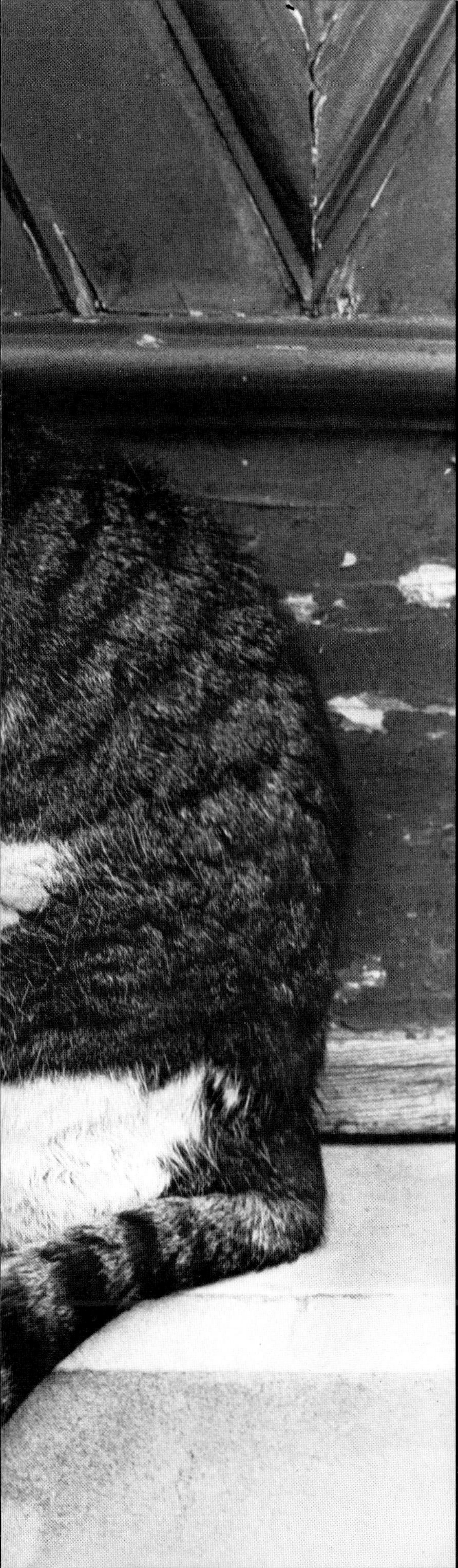

So, und nichts ändern ich mag, läuft hin Schleckerjans Tag –
In diesem, in jenem Klub ist er zu Haus.
Es überrascht uns weiter nicht sehr,
daß vor aller Aug mehr und mehr
Sein Bäuchlein sich unverkennbar wächst aus.
Ein Fünfundzwanzigpfünder er ist,
oder ich bin der schlechteste Christ,
Und zu mehren den Speck ist er täglich bestrebt.
Denn er hält sich so gut, weil er andres nicht tut,
Er hat von je mit Routine gelebt.
Um in Reimen zu dichten: «Ich werde die Zeit mir schon richten»,
Ist die Parole dieses Freßsacks der Katzen.
Und der Frühling glänzt hell, wenn auf der heitren Pall Mall
Herr Schleckerjan zeigt die schneeweißen Tatzen.

THOMAS STEARNS ELIOT

Johann, spann an,
drei Katzen voran,
drei Mäuse vorauf,
den Blocksberg hinauf.

Kinderspruch

In eines Katers Hirn,
der nicht mehr fischt
Und schwarz und alt
den letzten Zahn
verschlissen –

FRANÇOIS VILLON

Vor dem Schloßtor lag im Sande
Faul behaglich Hiddigeigei,
Sorgend, daß die Maiensonn' ihm
Süß erwärmend auf den Pelz schien.

JOSEPH VIKTOR VON SCHEFFEL

Lorus, im Verlaufe
seines Strebens, trifft den ersten Kater
seines Lebens.

Dieser krümmt,
traditionellerweis, seinen Rücken
fürchterlich zum Kreis.

Lorus spricht
mit unerschrockner Zärte: «Pax vobiscum,
freundlicher Gefährte!»

CHRISTIAN MORGENSTERN

Die Katze
ist der beste Hausfreund.

Nimm die Augen in die Hand
und die Katz aufs Knie
Was du nicht siehst,
das sieht die.

Die Katze schnurrt der Frau,
der Hund wedelt vorm Herrn.

Sprichwörter

Auch dieß ist ein besonder Thier, wofür dem Schöpfer Dank gebühret,
Wovon sowohl im Haus als Felde man wahr- und großen Nutzen spüret,
Da es den Mäusen und den Ratzen, und anderm Ungeziefer feind,
Die uns dadurch, daß sie so sehr und monatlich fast sich vermehren,
Auf eine Weise, die nicht leidlich, mehr als man fast gedenkt, beschweren
Uns schaden und uns plagen würden. Ja gegen diesen Zufall scheint
Die Katze recht mit Fleiß geschaffen. Derselben Unverdrossenheit,
Gelenker Körper, schnelle Glieder, Geduld, beherzte Schlauigkeit,
Ein scharf Gehör, nebst dem Geruch, und, über alles, solche Augen,
Die in der dunklen Nacht zu sehn, nicht minder als am Tage, taugen,
Daß ein verborgner Zug in ihnen, wie wild sie gleich, sie zähmen kann:
Dieß alles zeiget Absicht, Weisheit und Lieb unwidersprechlich an
Von einem allgemeinen Schöpfer. Man kann auch an den Katzen sehn,
Wie alle Dinge, die geschehen, nach Maaß und Ordnungen geschehn.

BARTHOLD HINRICH BROCKES

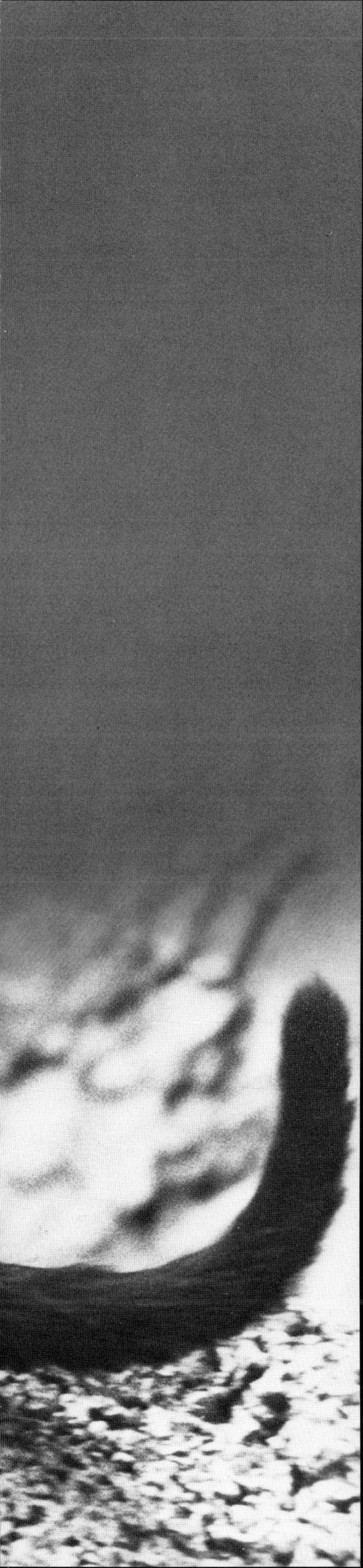

Zahme Katzen sind iederman bekannt –
sie sehen so gut bey Nacht als bey Tage –
bleiben gern im Hause, wo sie erzogen sind,
wenn auch schon der Herr ausziehet;
trägt man sie auch schon im Sack weit weg,
kommen sie doch gemeiniglich wieder,
und finden sich zurechte, schnurren fast immer,
und soll es eine Freundlichkeit seyn.

Lexikon, 1722

Der Hund und die Katze wollten dem Hausherrn nicht anders dienen als um Fleischkost. Der Hausherr war freilich zuerst dagegen, als er aber schließlich einsah, daß der Handel sonst nicht zustande kommen werde, gab er nach und unterzeichnete mit ihnen einen Kontrakt, worin er sich verpflichtete, dem Hund und der Katze einmal täglich Fleisch zu geben.

Die Katze nahm den Kontrakt an sich, brachte ihn in den Dachraum und band ihn dort an einen Querbalken.

Die Mäuse fanden den Kontrakt und zerknabberten ihn in lauter kleine Stückchen.

Nachher, als der Hund und die Katze zum Hausherrn gingen, um von ihm das versprochene Fleisch zu verlangen, da wünschte er den Kontrakt einzusehn; weil aber weder der Hund noch die Katze ihn vorzeigen konnten, ließ sie der Hausherr das Fleisch nicht einmal riechen.

Schließlich entbrannte zwischen dem Hunde und der Katze ein Streit. Der Hund verlangte, die Katze solle den Kontrakt herbeischaffen, denn ohne das hatten sie auch nicht einen Mundvoll Fleisch zu erhoffen. Weil aber die Katze den Kontrakt auf keine Weise herbeischaffen konnte, so wurde seit jenem Tage der Hund zum schlimmsten Feinde der Katze.

Da nun die Katze trotz ihres Mutes dem Hunde nichts anhaben konnte, so begann sie die Mäuse zu verfolgen, weil sie den Kontrakt zerrissen hatten.

Estnisches Märchen

Die Katze gleicht dem Menschen
in mancherlei Dingen: Sie niest; sie gähnt;
sie streckt sich; und sie wäscht Gesicht und Augen
mit ihrem Speichel.

Auch putzt die Katze das Fell ihrer Jungen,
der kleinen und der größeren, so daß sie aussehen
wie geölt.

Tierbuch des Dschâhis, 9. Jahrhundert

Die Katzen und der Hausherr

Thier' und Menschen schliefen feste,
Selbst der Hausprophete schwieg,
Als ein Schwarm geschwänzter Gäste
Von den nächsten Dächern stieg.

In dem Vorsaal eines Reichen
Stimmten sie ihr Liedchen an,
So ein Lied, das Stein' erweichen,
Menschen rasend machen kann.

Hinz, des Murners Schwiegervater,
Schlug den Takt erbärmlich schön,
Und zween abgelebte Kater
Quälten sich, ihm beyzustehn.

Endlich tanzten alle Katzen,
Poltern, lärmen, daß es kracht,
Zischen, heulen, sprudeln, kratzen,
Bis der Herr im Haus erwacht.

Dieser springt mit einem Prügel
In dem finstern Saal herum,
Schlägt um sich, zerstößt den Spiegel,
Wirft ein Dutzend Schaalen um.

Stolpert über einge Späne,
Stürzt im Fallen auf die Uhr,
Und zerbricht zwo Reihen Zähne:
Blinder Eifer schadet nur.

MAGNUS GOTTFRIED LICHTWER

Die Katze möchte Fische
fressen,
aber sie mag sich
die Füße nicht nässen.

Sprichwort

Katze vor Anker

Schlafen die Bewohner
Von dem Gaffelschoner
Im Kajüt am Heck? –

Weil das Boot vor Anker liegt,
Hockt die Katze mißvergnügt
Oben auf dem Deck.

Sieht sie Mäuse, Ratten? –
Doch der Wind hat sich gelegt.
Was sich einzig noch bewegt,
Ist ihr eigner Schatten.

Vor ihr liegt ein dickes Tau,
Rund geschlängelt wie ein Kranz,
Viel viel länger als ihr Schwanz.
Ach, miau – miau.

Keine Ratte, keine Maus,
Keine Gasse und kein Haus,
Nichts, was mitmiaute.

Und die arme Katerbraut
Äußert ihren Kummer laut
Dort im Strom bei Flaute.

JOACHIM RINGELNATZ

69

Und o! wie die Katz' auf dem Tritte des Tisches
Schnurrt und das Pfötchen sich leckt, auch Bart und Nacken sich putzet!

JOHANN HEINRICH VOSS

katze am abend

ich vermute du hast
mäuse im kopf
und einen mächtigen nachtschwarzen kater,
katze am abend.

was aber tust du wenn dein
mächtiger nachtschwarzer kater
mäuse vor deinen augen
auffrißt, katze am abend?

ERNST JANDL

Der Prophet des Islam – Gott segne ihn und gebe ihm Heil – sagte über die Katze: «Sie gehört zu Euren vertrauten Hausgenossen.» Speise und Trank, von denen eine Katze genommen, galten ihm nicht als unrein. – Offenbar liebte der Prophet, daß man Katzen zu sich nehme. –

Einer der Gefährten des Propheten wurde Abû Huraira, ‹der Mann mit dem Kätzchen›, genannt –, weil er eine Katze in seinem Ärmel zu tragen pflegte. Er überlieferte die Worte des Propheten: «Vor Eurer Zeit ist es geschehen, daß eine Frau wegen einer Katze in die Hölle kam. Sie hatte die Katze angebunden, ihr nichts zu fressen gegeben und nicht einmal zugelassen, daß sie kleines Getier am Boden fing. Nach ihrem Tode kam die Frau in die Hölle.» –

Tierbuch des Dschâhis, 9. Jahrhundert

Ringsumher kein lebend Wesen,
Nur der Kater Hiddigeigei
Leckt den Morgentau vom Buchse

JOSEPH VIKTOR VON SCHEFFEL

Katzentanz

Am Sonntag,
da gehen die Kätzchen
auf ihren Tätzchen
zum Tanz
und tragen
dabei eine
kleine,
eine
außergewöhnlich
feine
Sonntagsschleife
am Schwanz.

Sie tanzen
behutsam
und leise
und halten
einander umfaßt.
So hüpfen sie
zierlich im Kreise
auf ganz
besondere Weise,
so lange,
wie's ihnen
paßt –

Doch dann steigt
über den Dächern
der Vollmond
leuchtend empor –
Da hört man
die wilden
Gesänge,
die markerschütternden
Klänge
vom nächtlichen
Katzenchor …

ILONA BODDEN

Miezchen

KIND:
Miezchen, warum wäschst du dich
Alle halbe Stunden? sprich!

MIEZCHEN:
Weil es gar zu häßlich steht,
Wenn man nicht recht sauber geht;
Köpfchen, Pfötchen, alles rein,
Anders darf's bei mir nicht seyn.

Unser Miezchen, hört' ich dann,
Stand in Ehren bei jedermann;
Sie ließen es gern
in die Stube kommen,
Und haben's wohl gar
auf den Schoos genommen.
Ich denke,
das Waschen und das Putzen
Hat ihm gebracht so großen Nutzen.

WILHELM HEY

Würdig stets und ernst gemessen
Lebt er hier im Herrenhaus.
Zierlich schlich er durch die Säle,
Tief melodisch war sein Schnurren,
Und im Zorn selbst, wenn er keifend
Seinen Buckel aufwärts krümmte,
Seine Haare rückwärts sträubte,
Wußt' er immer noch die Anmut
Mit der Würde zu verbinden.

JOSEPH VIKTOR VON SCHEFFEL

Kater Murr

Damit öffnete Meister Abraham die Türe, und auf der Strohmatte zusammengekrümmt, schlafend, lag ein Kater, der wirklich in seiner Art ein Wunder von Schönheit zu nennen. Die grauen und schwarzen Streifen des Rükkens liefen zusammen auf dem Scheitel zwischen den Ohren und bildeten auf der Stirne die zierlichste Hieroglyphenschrift. Ebenso gestreift und von ganz ungewöhnlicher Länge und Stärke war der stattliche Schweif. Dabei glänzte des Katers buntes Kleid und schimmerte, von der Sonne beleuchtet, so daß man zwischen dem Schwarz und Grau noch schmale goldgelbe Streifen wahrnahm. «Murr! Murr!» rief Meister Abraham, «krrr – krrr», erwiderte der Kater sehr vernehmlich, dehnte – erhob sich, machte den außerordentlichsten Katzenbuckel und öffnete ein Paar grasgrüne Augen, aus denen Geist und Verstand in funkelndem Feuer hervorblitzten. Das behauptete wenigstens Meister Abraham, und auch Kreisler mußte so viel einräumen, daß der Kater etwas Besonderes, Ungewöhnliches im Antlitz trage, daß sein Kopf hinlänglich dick, um die Wissenschaften zu fassen, sein Bart aber schon jetzt in der Jugend weiß und lang genug sei, um dem Kater gelegentlich die Autorität eines griechischen Weltweisen zu verschaffen. «Wie kann man aber auch überall gleich schlafen», sprach Meister Abraham zum Kater, «du verlierst alle Heiterkeit darüber und wirst vor der Zeit ein grämliches Tier. Putz dich fein, Murr!»

Sogleich setzte sich der Kater auf die Hinterfüße, fuhr mit den Samtpfötchen sich zierlich über Stirn und Wangen und stieß dann ein klares freudiges Miau aus.

* *
*

Aus dem Manuskript des Katers, den der Herausgeber persönlich kennen gelernt:

Immer besser und besser wurde mir zumute, und ich begann mein inneres Wohlbehagen zu äußern, indem ich jene seltsame, meinem Geschlecht allein eigene Töne von mir gab, die die Menschen durch den nicht unebenen Ausdruck: spinnen bezeichnen. So ging ich mit Riesenschritten vorwärts in der Bildung für die Welt. Welch ein Vorzug, welch ein köstliches Geschenk des Himmels, inneres physisches Wohlbehagen ausdrücken zu können durch Ton und Gebärde! – Erst knurrte ich, dann kam mir jenes unnachahmliche Talent, den Schweif in den zierlichsten Kreisen zu schlängeln, dann die wunderbare Gabe, durch das einzige Wörtlein «Miau» Freude, Schmerz, Wonne und Entzücken, Angst und Verzweiflung, kurz, alle Empfindungen und Leidenschaften in ihren mannigfaltigsten Abstufungen auszudrücken. Was ist die Sprache der Menschen gegen dieses einfachste aller einfachen Mittel, sich verständlich zu machen!

* *
*

Der Tag war heiß gewesen, ich hatte ihn unter dem Ofen verschlafen. Nun brach die Abenddämmerung ein, und kühle Winde sausten durch meines Meisters geöffnetes Fenster. Ich erwachte aus dem Schlaf, meine Brust erweiterte sich, durchströmt von dem unnennbaren Gefühl, das, Schmerz und Lust zugleich, die süßesten Ahnungen entzündet. Von diesen Ahnungen überwältigt, erhob ich mich hoch in jener ausdrucksvollen Bewegung, die der kalte Mensch Katzenbuckel benennet! – Hinaus – hinaus trieb es mich in die freie Natur, ich begab mich daher aufs Dach und lustwandelte in den Strahlen der sinkenden Sonne. Da vernahm ich Töne von dem Boden aufsteigen, so sanft, so heimlich, so bekannt, so anlockend, ein unbekanntes

Etwas zog mich hinab mit unwiderstehlicher Gewalt. Ich verließ die schöne Natur und kroch durch eine kleine Dachluke hinein in den Hausboden. – Hinabgesprungen, gewahrte ich alsbald eine große, schöne, weiß und schwarz gefleckte Katze, die, auf den Hinterfüßen sitzend in bequemer Stellung, eben jene anlockenden Töne von sich gab und mich nun mit forschenden Blicken durchblitzte. Augenblicklich setzte ich mich ihr gegenüber und versuchte, dem innern Trieb nachgebend, in das Lied einzustimmen, das die weiß und schwarz Gefleckte angestimmt. Das gelang mir, ich muß es selbst sagen, über die Maßen wohl, und von diesem Augenblick an datiert sich, wie ich für die Psychologen, die mich und mein Leben studieren, hier bemerke, mein Glaube an mein inneres musikalisches Talent und, wie zu erachten, mit diesem Glauben auch das Talent selbst.

* *
*

Mir standen neue Erfahrungen bevor.

Eines Tages, als mein Meister eben in einen großen Folianten vertieft war, den er vor sich aufgeschlagen, und ich, dicht bei ihm unter dem Schreibtisch, auf einem Bogen des schönsten Royalpapiers liegend, mich in griechischer Schrift versuchte, die mir vorzüglich in der Pfote zu liegen schien, trat rasch ein junger Mann hinein, den ich schon mehrmals bei dem Meister gesehen, und der mich mit freundlicher Hochachtung, ja mit der wohltuenden Verehrung behandelte, die dem ausgezeichneten Talent, dem entschiedenen Genie gebührt. Denn nicht allein daß er jedesmal, nachdem er den Meister begrüßt, zu mir sprach: «Guten Morgen, Kater!» so kraute er mir auch jedesmal mit leichter Hand hinter den Ohren und streichelte mir sanft den Rücken, so daß ich in diesem Betragen wahre Aufmunterung fand, meine innern Gaben leuchten zu lassen vor der Welt.

Heute sollte sich alles anders gestalten!

Wie sonst niemals, sprang nämlich heute dem jungen Mann ein schwarzes zottiges Ungeheuer mit glühenden Augen nach, zur Türe hinein und, als es mich erblickte, gerade auf mich zu. Mich überfiel eine unbeschreibliche Angst, mit einem Satz war ich auf dem Schreibtisch meines Meisters und stieß Töne des Entsetzens und der Verzweiflung aus, als das Ungeheuer hoch hinaufsprang nach dem Tisch und dazu einen mörderlichen Lärm machte. Mein guter Meister, dem um mich bange, nahm mich auf den Arm und steckte mich unter den Schlafrock. Doch der junge Mann sprach: «Seid doch nur ganz unbesorgt, lieber Meister Abraham. Mein Pudel tut keiner Katze was, er will nur spielen. Setzt den Kater nur hin, sollt Euch freuen, wie die Leutchen miteinander Bekanntschaft machen werden, mein Pudel und Euer Kater.»

Mein Meister wollte mich wirklich niedersetzen, ich klammerte mich aber fest an und begann kläglich zu lamentieren, wodurch ich es denn wenigstens dahin brachte, daß der Meister mich, als er sich niederließ, dicht neben sich auf dem Stuhle litt.

Ermutigt durch meines Meisters Schutz, nahm ich, auf den Hinterpfoten sitzend, den Schweif umschlungen, eine Stellung an, deren Würde, deren edler Stolz meinem vermeintlichen schwarzen Gegner imponieren mußte. Der Pudel setzte sich vor mir hin auf die Erde, schaute mir unverwandt ins Auge und sprach zu mir in abgebrochnen Worten, die mir freilich unverständlich blieben. Meine Angst verlor sich nach und nach, ganz und gar und ruhig geworden im Gemüt, vermochte ich zu bemerken, daß in dem Blick des Pudels nichts zu entdecken als Gutmütigkeit und biederer Sinn. Unwillkürlich fing ich an, meine zum Vertrauen geneigte Seelenstimmung durch sanftes Hin- und Herbewegen des Schweifes an den Tag zu legen, und sogleich begann auch der Pudel mit dem kurzen Schweiflein zu wedeln auf die anmutigste Weise.

O! mein Inneres hatte ihn angesprochen, nicht zu zweifeln war an dem Anklang unserer Gemüter! – «Wie», sprach ich zu mir selbst, «wie konnte dich das ungewohnte Betragen dieses Fremden so in Furcht und Schrecken setzen? – Was bewies dieses Springen, dieses Klaffen, dieses Toben, dieses Rennen, dieses Heulen anders, als den in Liebe und Lust, in der freudigen Freiheit des Lebens heftig und mächtig bewegten Jüngling? – O, es wohnt Tugend, edle Pudeltümlichkeit in jener schwarz bepelzten Brust!» – Durch diese Gedanken erkräftigt, beschloß ich den ersten Schritt zu tun zu näherer, engerer Einigung unserer Seelen und herabzusteigen von dem Stuhl des Meisters.

Sowie ich mich erhob und dehnte, sprang der Pudel auf und in der Stube umher mit lautem Klaffen! – Äußerungen eines herrlichen lebenskräftigen Gemüts! – Es war nichts mehr zu befürchten, ich stieg sogleich herab und näherte mich behutsam leisen Schrittes dem neuen Freunde. Wir begannen jenen Akt, der in bedeutender Symbolik die nähere Erkenntnis verwandter Seelen, den Abschluß des aus dem inneren Gemüt heraus bedingten Bündnisses ausdrückt, und den der kurzsichtige frevelige Mensch mit dem gemeinen unedlen Ausdruck «Beschnüffeln» bezeichnet. Mein schwarzer Freund bezeigte Lust, etwas von den Hühnerknochen zu genießen, die in meiner Speiseschüssel lagen. So gut ich es vermochte, gab ich ihm zu verstehen, daß es der Weltbildung, der Höflichkeit gemäß sei, ihn als meinen Gast zu bewirten. Er fraß mit erstaunlichem Appetit, während ich von weitem zusah. – Gut war es doch, daß ich den Bratfisch beiseite gebracht und einmagaziniert unter mein Lager. – Nach der Tafel begannen wir die anmutigsten Spiele, bis wir uns zuletzt, ganz ein Herz und eine Seele, umhalsten und, fest aneinandergeklammert, uns ein Mal über das andere überkugelnd, uns innige Treue und Freundschaft zuschworen.

Ich weiß nicht, was dieses Zusammentreffen schöner Seelen, dieses Einandererkennen herziger Jünglingsgemüter Lächerliches in sich tragen konnte; so viel ist aber gewiß, daß beide, mein Meister und der fremde junge Mann, unaufhörlich aus vollem Halse lachten, zu meinem nicht geringen Verdruß.

Des Märzen Idus war angebrochen, die schönen milden Strahlen der Frühlingssonne fielen auf das Dach, und ein sanftes Feuer durchglühte mein Inneres. Schon seit ein paar Tagen hatte mich eine unbeschreibliche Unruhe, eine unbekannte wunderbare Sehnsucht geplagt, – jetzt wurde ich ruhiger, doch nur um bald in einen Zustand

zu geraten, den ich niemals geahnt! –

Aus einer Dachluke, unfern von mir, stieg leis und linde ein Geschöpf heraus, – o, daß ich es vermöchte, die Holdeste zu malen! – Sie war ganz weiß gekleidet, nur ein kleines schwarzes Samtkäppchen bedeckte die niedliche Stirn, sowie sie auch schwarze Strümpfchen an den zarten Beinen trug. Aus dem lieblichsten Grasgrün der schönsten Augen funkelte ein süßes Feuer, die sanften Bewegungen der feingespitzten Ohren ließen ahnen, daß Tugend in ihr wohne und Verstand, sowie das wellenförmige Ringeln des Schweifs hohe Anmut aussprach und weiblichen Zartsinn! –

Das holde Kind schien mich nicht zu erschauen, es blickte in die Sonne, blinzelte und nieste. – O, der Ton durchbebte mein Innerstes mit süßen Schauern, meine Pulse schlugen – mein Blut wallte siedend durch alle Adern, – mein Herz wollte zerspringen, – alles unnennbar schmerzliche Entzücken, das mich außer mir selbst setzte, strömte heraus in dem lang gehaltenen Miau! das ich ausstieß. – Schnell wandte die Kleine den Kopf nach mir, blickte mich an, Schreck, kindliche süße Scheu in den Augen. – Unsichtbare Pfoten rissen mich hin zu ihr mit unwiderstehlicher Gewalt – aber sowie ich auf die Holde lossprang, um sie zu erfassen, war sie schnell wie der Gedanke hinter dem Schornstein verschwunden! –

Ich beschloß, mich gehörig mit Speis' und Trank zu stärken und dann die Kleine aufzusuchen, der ich mein ganzes Herz zugewandt. Eine süße Ahnung sagte mir, daß sie vor der Türe des Hauses sitze, ich stieg die Treppe hinab und fand sie wirklich! – O welch ein Wiedersehen! – wie wallte in meiner Brust das Entzükken, die unnennbare Wonne des Liebesgefühls. – Miesmies, so wurde die Kleine geheißen, wie ich von ihr später erfuhr, Miesmies saß da in zierlicher Stellung auf den Hinterfüßen und putzte sich, indem sie mit den Pfötchen mehrmals über die Wangen, über die Ohren fuhr. Mit welcher unbeschreiblichen Anmut besorgte sie vor meinen Augen das, was Reinlichkeit und Eleganz erfordern, sie bedurfte nicht schnöder Toilettenkünste, um die Reize, die ihr die Natur verliehen, zu erhöhen! Bescheidner als das erstemal nahte ich mich ihr, setzte mich zu ihr hin! – Sie floh nicht, sie sah mich an mit forschendem Blick und schlug dann die Augen nieder. – «Holdeste», begann ich leise, «sei mein!» – «Kühner Kater», erwiderte sie verwirrt, «kühner Kater, wer bist du? Kennst du mich denn? – Wenn du aufrichtig bist so wie ich und wahr, so sage und schwöre mir, daß du mich wirklich liebst.» – «O», rief ich begeistert, «ja bei den Schrecken des Orkus, bei dem heiligen Mond, bei allen sonstigen Sternen und Planeten, die künftige Nacht scheinen werden, wenn der Himmel heiter, schwöre ich dir's, daß ich dich liebe!» – «Ich dich auch», lispelte die Kleine und neigte in süßer Verschämtheit das Haupt mir zu. Ich wollte sie voll Inbrunst umpfoten, da sprangen aber mit teuflischem Geknurre zwei riesige Kater auf mich los, zerbissen, zerkratzten mich kläglich und wälzten mich zum Überfluß noch in die Gosse, so daß das schmutzige Spülwasser über mich zusammenschlug. Kaum konnt' ich mich aus den Krallen der mordlustigen Bestien retten, die meinen Stand nicht achteten, mit vollem Angstgeschrei lief ich die Treppe herauf. Als der Meister mich erblickte, rief er, laut lachend: «Murr, Murr, wie siehst du aus? Ha, ha! ich merke schon, was geschehen, du hast Streiche machen wollen, wie ‹der im Irrgarten der Liebe herumtaumelnde Kavalier›, und dabei ist's dir übel ergangen!» – Und dabei brach der Meister zu meinem nicht geringen Verdruß aufs neue aus in ein schallendes Gelächter. Der Meister hatte ein Gefäß mit lauwarmem Wasser füllen lassen, darein stülpte er mich ohne Umstände einigemal ein, so daß mir vor Niesen und Prusten Hören und Sehen verging, wickelte mich dann fest in Flanell ein und legte mich in meinen Korb. Ich war beinahe besinnungslos vor Wut und Schmerz, ich vermochte kein Glied zu rühren. Endlich wirkte die Wärme wohltätig auf mich, ich fühlte meine Gedanken sich ordnen. «Ha», klagte ich, «welch neue bittere Täuschung des Lebens! – Das ist also die Liebe, die ich schon so herrlich besungen, die das Höchste sein, die uns mit namenloser Wonne erfüllen, die uns in den Himmel tragen soll! – Ha! – mich hat sie in die Gosse geworfen! – ich entsage einem Gefühl, das mir nichts eingebracht als Bisse, ein abscheuliches Bad und niederträchtige Einmummung in schnöden Flanell!» – Aber kaum war ich wieder in Freiheit und genesen, als aufs neue Miesmies mir unaufhörlich vor Augen stand und ich, jener ausgestandenen Schmach wohl eingedenk, zu meinem Entsetzen gewahrte, daß ich noch in Liebe.

* *
*

Eines Tages hört' ich den Meister, da er zum Zimmer herausgetreten, auf dem Flur zu jemandem sagen: «Mag es sein, meinetwegen, vielleicht heitert ihn Gesellschaft auf. Aber macht ihr mir dumme Streiche, springt ihr mir auf die Tische, schmeißt ihr mir das Tintenfaß um oder sonst was herab, so werf' ich euch alle beide zum Tempel heraus.»

Darauf öffnete der Meister die Türe ein wenig und ließ jemanden herein. Dieser Jemand war aber kein anderer als Freund Muzius. Beinahe hätte ich ihn nicht wiedererkannt. Seine Haare, sonst glatt und glänzend, waren struppig und unscheinbar, die Augen lagen ihm tief im Kopf, und sein sonst zwar etwas rauhes, aber doch ganz leidliches Wesen hatte etwas Übermütiges, Brutales angenommen. «Na», prustete er mich an, «na, findet man Euch einmal! Muß man Euch aufsuchen hinter Euerm verfluchten Ofen? – Doch mit Verlaub!» Er trat an den Teller und verzehrte die Backfische, die ich mir aufgespart hatte zum Abendbrot. «Sagt», sprach er dazwischen, «sagt mir nur ins Teufels Namen, wo Ihr steckt, warum Ihr auf kein Dach mehr kommt, Euch nirgends mehr sehen laßt, wo es munter hergeht?»

Ich erklärte, daß, nachdem ich die Liebe zur holden Miesmies aufgegeben, mich die Wissenschaften ganz und gar beschäftigt hätten, weshalb denn an Spaziergänge nicht zu denken gewesen wäre. Nicht im mindesten sehne ich mich nach Gesellschaft, da ich bei dem Meister alles hätte, was mein Herz nur wünschen könne, Milchbrei, Fleisch, Fische, ein weiches Lager u.s.w. Ein ruhiges sorgenfreies Leben, das sei für einen Kater von meinen Neigungen und Anlagen das ersprießlichste Gut, und um so mehr müßt' ich fürchten, daß dies, ginge ich aus, verstört werden könne, da, wie ich leider wahrgenommen, meine Inklination zur kleinen Miesmies noch nicht ganz erloschen und ihr Wiedersehen mich leicht zu Übereilungen hinreißen dürfe, die ich nachher vielleicht sehr schwer zu bereuen haben würde.

«Ihr könnt mir nachher noch einen Backfisch aufwixen!»

So sprach Muzius, putzte sich mit gekrümmter Pfote nur ganz obenhin Maul, Bart und Ohren und nahm den Platz dicht neben mir auf dem Polster.

«Rechnet», begann Muzius, nachdem er zum Zeichen seiner Zufriedenheit ein paar Sekunden gesponnen, mit sanfter Stimme und Gebärde, «rechnet es Euch, mein guter Bruder Murr, für ein Glück an, daß ich auf den Einfall geriet, Euch zu besuchen in Eurer Klause, und daß der Meister mich zu Euch ließ ohne Widerrede. Ihr seid in der größten Gefahr, in die ein tüchtiger junger Kerl von Kater, der Grütz' im Kopfe hat und Stärke in den Gliedern, nur geraten kann. Das heißt, Ihr seid in der Gefahr, ein arger abscheulicher Philister zu werden.»

Es genügt zu sagen, daß ich nun manche Zeit hindurch ein frisches frohes Burschenleben führte auf den Dächern

ringsumher, in Kompanie mit Muzius und andern kreuzbraven, biderben fidelen Jungen, weißen, gelben und bunten.

Als ich [dabei] einmal bei dem Anbruch der Nacht, im Schimmer des hellen Mondscheins, mit dem Bruder Muzius zu einer Kneiperei, die die Burschen angeordnet, gehen wollte, begegnete mir jener schwarz, grau, gelbe Verräter, der mir meine Miesmies geraubt. Wohl konnt' es sein, daß ich bei dem Anblick des verhaßten Nebenbuhlers, dem ich noch dazu schändlicherweise unterliegen müssen, etwas stutzte. Er ging indessen hart an mir vorbei, ohne mich zu grüßen, und es wollte mich bedünken, als lächle er mich verhöhnend an, im Gefühl der Übermacht, die er über mich gewonnen. Ich dachte an die verlorne Miesmies, an die erhaltenen Prügel, das Blut kochte mir in den Adern! Muzius bemerkte meine Aufwallung, und da ich ihm mitteilte, was ich bemerkt zu haben glaubte, so sprach er: «Du hast recht, Bruder Murr. Der Kerl schnitt solch ein schiefes Gesicht und trat dabei so keck auf: am Ende wollte er dich wirklich tuschieren. – Nun, das wollen wir bald erfahren. Irre ich nicht, so hat der bunte Philister hier in der Nähe eine neue Liebschaft angesponnen, er schleicht alle Abende hier auf diesem Dache umher. Warten wir ein wenig, vielleicht kommt der Monsieur bald zurück, und da kann sich ja wohl das übrige bald finden.»

* *
*

Als ich herabkam, fand ich des Meisters Tür verschlossen und mußte daher mit der Strohmatte, die davor lag, als Nachtlager vorliebnehmen. Die Wunden hatten mir einen starken Blutverlust verursacht, und mir wurde in der Tat etwas ohnmächtig zumute. Ich fühlte mich sanft fortgetragen. Es war mein guter Meister, der (ich mochte wohl, ohne es zu wissen, etwas gewinselt haben) mich vor der Tür gehört, aufgemacht und meine Wunden bemerkt hatte. «Armer Murr», rief er, «was haben sie mit dir gemacht? das hat tüchtige Bisse gegeben – nun, ich hoffe, du wirst deinen Gegnern nichts geschenkt haben!» «Meister», dacht' ich, «wenn du wüßtest!» und aufs neue fühlte ich mich von dem Gedanken des vollständig erfochtenen Sieges, der Ehre, die ich mir gewonnen, gar mächtig erhoben. – Der gute Meister legte mich auf mein Lager, holte aus dem Schrank eine kleine Büchse, in der Salbe befindlich, hervor, bereitete zwei Pflaster und legte sie mir auf Ohr und Pfote. Ruhig und geduldig ließ ich alles geschehen und stieß nur ein kleines leises Mrrr! aus, als der erste Verband mich etwas schmerzen wollte. – «Du bist», sprach der Meister, «ein kluger Kater, Murr! du verkennst nicht, wie andre knurrige Wildfänge deines Geschlechts, die gute Absicht deines Herrn. Halt dich nur ruhig, und wenn es Zeit ist, daß du die Wunde an der Pfote heil leckst, so wirst du schon selbst den Verband lösen. Was aber das wunde Ohr betrifft, so kannst du nichts dafür tun, armer Geselle, und mußt das Pflaster leiden.»

Ich versprach das dem Meister und reichte zum Zeichen meiner Zufriedenheit und Dankbarkeit für seine Hilfe ihm meine gesunde Pfote hin, die er wie gewöhnlich nahm und leise schüttelte, ohne sie im mindesten zu drücken. – Der Meister verstand mit gebildeten Katern umzugehen.

* *
*

Ich schwor, niemals mehr das Dach zu besuchen, wo ich große Unbill erlebt zu haben glaubte. Statt dessen sprang ich nun fleißig auf die Fensterbank, sonnte mich, schaute, um mich zu zerstreuen, auf die Straße hinab, stellte allerlei tiefsinnige Betrachtungen an und verband so das Angenehme mit dem Nützlichen.

Ein Gegenstand dieser Betrachtungen war denn auch, warum es mir noch niemals eingefallen, mich aus eignem freien Antriebe vor die Haustüre zu setzen oder auf der Straße zu lustwandeln, wie ich es doch viele von meinem Geschlecht tun sah, ohne alle Furcht und Scheu. Ich stellte mir das als etwas höchst Angenehmes vor und war überzeugt, daß nun, da ich zu reiferen Monaten gekommen und Lebenserfahrung genug gesammelt, von jenen Gefahren, in die ich geriet, als das Schicksal mich, einen unmündigen Jüngling, hinausschleuderte in die Welt, nicht mehr die Rede sein könne. Getrost wandelte ich daher die Treppe herab und setzte mich fürs erste auf die Türschwelle in den hellsten Sonnenschein. Daß ich eine Stellung annahm, die jedem auf den ersten Blick den gebildeten, wohlerzogenen Kater verraten mußte, versteht sich von selbst. Es gefiel mir vor der Haustüre ganz ungemein. Indem die heißen Sonnenstrahlen meinen Pelz wohltätig auswärmten, putzte ich mit gekrümmter Pfote zierlich Schnauze und Bart, worüber mir ein paar vorübergehende junge Mädchen, die den großen, mit Schlössern versehenen Mappen nach, die sie trugen, aus der Schule kommen mußten, nicht allein ihr großes Vergnügen bezeugten, sondern mir auch ein Stückchen Weißbrot verehrten, welches ich nach gewohnter Galanterie dankbarlichst annahm. –

E.T.A. HOFFMANN

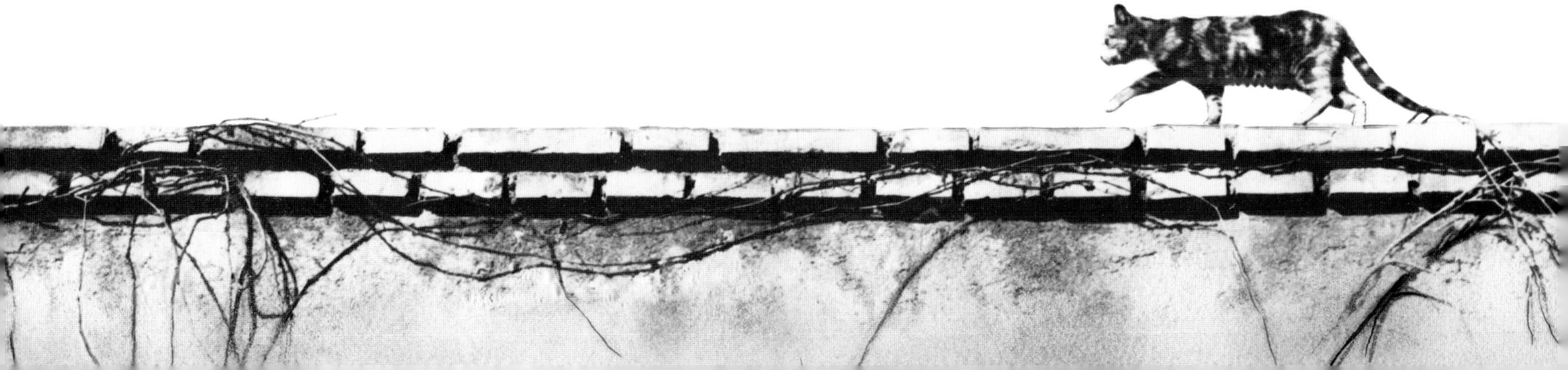

1

2

Zornig richtet' er empor sich,
Zornig krümmt' er seinen Buckel
Und erhob ein grauenhaftes
Ohrzerreißendes Miauen.

Keiner soll den Tag vergessen!
Zur Erinnrung soll der Kater
Hiddigeigei eine echte
Italien'sche Rauchwurst fressen.

JOSEPH VIKTOR VON SCHEFFEL

Wir, wir kennen die Gesetze,
Die dem alten Schöpfungsrätsel,
Die dem Schall zugrunde liegen,
Und wir kennen ihn, den Zauber,

Und doch müssen wir erleben,
Daß, wenn unsre Katerliebe
Nächtlich süß in Tönen denkt,
Sie den Menschen Spott nur abringt,
Daß als Katzenmusica man
Unsre besten Werke brandmarkt.

Kann
Noch ein Mensch, ohn' zu erröten,
Die Musik der Katzen schelten?
Aber dulde, tapfres Herze!
Duld' – es werden Zeiten kommen,
Wo der Mensch, das weise Untier,
Uns die Mittel richt'gen Ausdrucks
Des Gefühls entleihen wird;
Wo die ganze Welt im Ringen
Nach dem Höhepunkt der Bildung
Katzenmusikalisch wird.

JOSEPH VIKTOR VON SCHEFFEL

Hiddigeigei hält durch strengen
Wandel rein sich das Gewissen,
Doch er drückt ein Auge zu, wenn
Sich die Nebenkatzen küssen.

JOSEPH VIKTOR VON SCHEFFEL

Der gestiefelte Kater

HINZE (*der Kater richtet sich auf, dehnt sich, macht einen hohen Buckel, gähnt und spricht dann):*
– Mein lieber Gottlieb – ich habe ein ordentliches Mitleid mit Euch.

GOTTLIEB (*erstaunt):* Wie, Kater, du sprichst? – –

HINZE: Warum soll ich nicht sprechen können, Gottlieb?

GOTTLIEB: Ich hätt' es nicht vermutet, ich habe zeitlebens noch keine Katze sprechen hören.

HINZE: Ihr meint, weil wir nicht immer in alles mitreden, wären wir gar Hunde.

GOTTLIEB: Ich denke, ihr seid bloß dazu da, Mäuse zu fangen?

HINZE: Wenn wir nicht im Umgang mit den Menschen eine gewisse Verachtung gegen die Sprache bekämen, so könnten wir alle sprechen.

GOTTLIEB: Nun, das gesteh' ich! – Aber warum laßt ihr euch denn so gar nichts merken?

HINZE: Um uns keine Verantwortungen zuzuziehen, denn wenn uns sogenannten Tieren noch erst die Sprache angeprügelt würde, so wäre gar keine Freude mehr auf der Welt. Was muß der Hund nicht alles tun und lernen! Das Pferd! es sind dumme Tiere, daß sie sich ihren Verstand merken lassen, sie müssen ihrer Eitelkeit durchaus nachgeben, wir Katzen sind noch immer das freieste Geschlecht, weil wir uns bei aller unsrer Geschicklichkeit so ungeschickt anzustellen wissen, daß es der Mensch ganz aufgibt, uns zu erziehen.

GOTTLIEB: Aber warum entdeckst du mir das alles?

HINZE: Weil Ihr ein guter, ein edler Mann seid, einer von den wenigen, die keinen Gefallen an Dienstbarkeit und Sklaverei finden, seht, darum entdecke ich mich Euch ganz und gar.

GOTTLIEB (*reicht ihm die Hand):* Braver Freund!

HINZE: Die Menschen stehen in dem Irrtume, daß an uns jenes instinktmäßige Murren, das aus einem gewissen Wohlbehagen entsteht, das einzige Merkwürdige sei, sie streicheln uns daher oft auf eine ungeschickte Weise, und wir spinnen dann gewöhnlich nur, um uns vor Schlägen zu sichern. Wüßten sie aber mit uns auf die wahre Art umzugehen, glaube mir, sie würden unsre gute Natur zu allem zu gewöhnen – –

LUDWIG TIECK

Mimi

Bin kein sittsam Bürgerkätzchen,
Nicht im frommen Stübchen spinn ich.
Auf dem Dach, in freier Luft,
Eine freie Katze bin ich.

Wenn ich sommernächtlich schwärme,
Auf dem Dache, in der Kühle,
Schnurrt und knurrt in mir Musik,
Und ich singe, was ich fühle.

Also spricht sie. Aus dem Busen
Wilde Brautgesänge quellen,
Und der Wohllaut lockt herbei
Alle Katerjunggesellen.

Wunderbare Macht der Töne!
Zauberklänge sondergleichen!
Sie erschüttern selbst den Himmel,
Und die Sterne dort erbleichen.

HEINRICH HEINE

Wenn im Tal und auf den Bergen
Mitternächtig heult der Sturm,
Klettert über First und Schornstein
Hiddigeigei auf zum Turm.

Einem Geist gleich steht er oben,
Schöner, als er jemals war.
Feuer sprühen seine Augen,
Feuer sein gesträubtes Haar.

Und er singt in wilden Weisen,
Singt ein altes Katerschlachtlied,
Das wie fern Gewitterrollen
Durch die sturmdurchbrauste
Nacht zieht.

Nimmer hören ihn die Menschen,
Jeder schläft in seinem Haus,
Aber tief im Kellerloche
Hört erblassend ihn die Maus.

Und sie kennt des Alten Stimme,
Und sie zittert, und sie weiß:
Fürchterlich in seinem Grimme
Ist der Katerheldengreis.

JOSEPH VIKTOR VON SCHEFFEL

Und die Katzenaugen sehen,
Und die Katzenseele lacht,
Wie das Völklein der Pygmäen
Unten dumme Sachen macht.

Menschentum ist ein Verkehrtes,
Menschentum ist Ach und Krach;
Im Bewußtsein seines Wertes
Sitzt der Kater auf dem Dach! –

JOSEPH VIKTOR VON SCHEFFEL

Auch Hiddigeigei
hat erst spät erkannt,
Daß die Liebste
ihn schändlich betrogen,
Daß mit einem
ganz erbärmlichen Fant
Sie verbotenen
Umgang gepflogen.

Da ward Hiddigeigei
entsetzlich belehrt,
Da ließ er das Schwärmen
und Schmachten,
Da ward er trotzig
in sich gekehrt,
Da lernt' er
die Welt verachten.

JOSEPH VIKTOR VON SCHEFFEL

Der Rem Tem Trecker ist ein komischer Katz.
Wenn er eine Ratz hat, dann will er 'nen Spatz.
Wenn er Fasan hat, möcht' er 'ne Wachtel.
Hat er ein Haus; *er* will in die Schachtel.
Sitzt er in der Schachtel, will er ein Haus.
Wenn er den Spatz hat, dann möcht' er die Maus.
Ja, der Rem Tem Trecker ist ein komischer Katz.
Er ist wie er ist, ich bin lieber still.
Das sind so Sachen.
Da kann man nichts machen.
Er will nun einmal das, was er will.

Rem Tem Trecker macht einen schrecklich nervös:
Wenn er draußen sein soll, dann wird er bös.
Ist er drinnen bei mir, ist's ihm gar nichts wert –
Jede Seite der Tür scheint ihm verkehrt.
In meinem Schreibtisch ist er zu Haus,
Doch tobt er ganz furchtbar, kann er nicht raus.
Ja, der Rem Tem Trecker ist ein komischer Katz.
Er macht nun einmal genau, was er will.
Da kann man nichts machen.
Das sind so Sachen.
Ich sag' lieber nichts, ich bin besser still.

Rem Tem Trecker ist ein komischer Katz.
Nur Widerstand, meint er, sei stets am Platz.
Wenn du Hasen ihm bietest, verlangt er nach Fisch,
Doch der bleibt dann stehen unter dem Tisch.

Wenn du Sahne ihm gibst, ist's *ein* Sträuben und Sträuben,
Nur was er selbst findet, an das kann er glauben.
Doch stellst du sie weg, aufs Bord seithin,
Steckt sein Köpfchen bis über die Ohren drin.
Rem Tem ist aufs Durcheinander erpicht,
Er liebt Kosen und zärtliches Kraulen nicht –
Doch nähst oder schreibst du: mit einem Satz
Macht er deinen Schoß zu seinem Platz.
Ja, der Rem Tem Trecker liegt mir im Magen.
Was soll ich noch mehr erzählen und sagen.
Da kann man nichts machen.
Das sind so Sachen.
Da schweig' ich lieber. Will nicht mehr klagen.

THOMAS STEARNS ELIOT

Die Katzen ‹Weißling› und ‹Sauberschwarz› gratulieren zum Geburtstag anno 1866

Heut' in der Frühe weckten
Wir zweie uns und leckten
Die Pelze um und um,
Mit schönen Reverenzen
Dich freundlich zu umschwänzen;
Das ganze Haus weiß ja, warum.

EDUARD MÖRIKE

Ich weiß wohl, daß, wenn ich Einen ernsthaft versicherte, die Katze, welche eben jetzt auf dem Hofe spielt, sei noch die selbe, welche dort vor dreihundert Jahren die nämlichen Sprünge und Schliche gemacht hat, er mich für toll halten würde: aber ich weiß auch, daß es sehr viel toller ist, zu glauben, die heutige Katze sei durch und durch und von Grund aus eine ganz andere, als jene vor dreihundert Jahren. – Man braucht sich nur treu und ernst in den Anblick eines dieser obern Wirbelthiere zu vertiefen, um deutlich inne zu werden, daß dieses unergründliche Wesen, wie es da ist, im Ganzen genommen, unmöglich zu Nichts werden kann: und doch kennt man andererseits seine Vergänglichkeit.

ARTHUR SCHOPENHAUER

Spiegel, das Kätzchen

Spiegel, so war der Name des Kätzchens wegen seines glatten und glänzenden Pelzes, lebte so seine Tage heiter, zierlich und beschaulich dahin, in anständiger Wohlhabenheit und ohne Überhebung. Er saß nicht zu oft auf der Schulter seiner freundlichen Gebieterin, um ihr die Bissen von der Gabel wegzufangen, sondern nur, wenn er merkte, daß ihr dieser Spaß angenehm war; auch lag und schlief er den Tag über selten auf seinem warmen Kissen hinter dem Ofen, sondern hielt sich munter und liebte es eher, auf einem schmalen Treppengeländer oder in der Dachrinne zu liegen und sich philosophischen Betrachtungen und der Beobachtung der Welt zu überlassen. Nur jeden Frühling und Herbst einmal wurde dies ruhige Leben eine Woche lang unterbrochen, wenn die Veilchen blühten oder die milde Wärme des Alteweibersommers die Veilchenzeit nachäffte. Alsdann ging Spiegel seine eigenen Wege, streifte in verliebter Begeisterung über die fernsten Dächer und sang die allerschönsten Lieder. Als ein rechter Don Juan bestand er bei Tag und Nacht die bedenklichen Abenteuer, und wenn er sich zur Seltenheit einmal im Hause sehen ließ, so erschien er mit einem so verwegenen, burschikosen, ja liederlichen und zerzausten Aussehen, daß die stille Person, seine Gebieterin, fast unwillig ausrief: «Aber Spiegel! Schämst du dich denn nicht, ein solches Leben zu führen?» Wer sich aber nicht schämte, war Spiegel; als ein Mann von Grundsätzen, der wohl wußte, was er sich zur wohltätigen Abwechslung erlauben durfte, beschäftigte er sich ganz ruhig damit, die Glätte seines Pelzes und die unschuldige Munterkeit seines Aussehens wieder herzustellen, und er fuhr sich so unbefangen mit dem feuchten Pfötchen über die Nase, als ob gar nichts geschehen wäre.

Allein dies gleichmäßige Leben nahm plötzlich ein trauriges Ende. Als das Kätzchen Spiegel eben in der Blüte seiner Jahre stand, starb die Herrin unversehens an Altersschwäche und ließ das schöne Kätzchen herrenlos und verwaist zurück. Es war das erste Unglück, welches ihm widerfuhr, und mit jenen Klagetönen, welche so schneidend den bangen Zweifel an der wirklichen und rechtmäßigen Ursache eines großen Schmerzes ausdrükken, begleitete es die Leiche bis auf die Straße und strich den ganzen übrigen Tag ratlos im Hause und rings um dasselbe her. Doch seine Vernunft und Philosophie geboten ihm bald, sich zu fassen, das Unabänderliche zu tragen und seine dankbare Anhänglichkeit an das Haus seiner toten Gebieterin dadurch zu beweisen, daß er ihren lachenden Erben seine Dienste anbot und sich bereitmachte, denselben mit Rat und Tat beizustehen, die Mäuse ferner im Zaume zu halten und überdies ihnen manche gute Mitteilung zu machen, welche die Törichten nicht verschmäht hätten, wenn sie eben nicht unvernünftige Menschen gewesen wären. Aber diese Leute ließen Spiegel gar nicht zu Worte kommen, sondern warfen ihm die Pantoffeln und das artige Fußschemelchen der Seligen an den Kopf, so oft er sich blicken ließ, zankten sich acht Tage lang untereinander, begannen endlich einen Prozeß und schlossen das Haus bis auf weiteres zu, so daß nun gar niemand darin wohnte.

Da saß nun der arme Spiegel traurig und verlassen auf der steinernen Stufe vor der Haustüre und hatte niemand, der ihn hineinließ. Des Nachts begab er sich wohl auf Umwegen unter das Dach des Hauses, und im Anfang hielt er sich einen großen Teil des Tages dort verborgen und suchte seinen Kummer zu verschlafen; doch der Hunger trieb ihn bald an das Licht und nötigte ihn, an der warmen Sonne und unter den Leuten zu erscheinen, um bei der Hand zu sein und zu gewärtigen, wo sich etwa ein Maul voll geringer Nahrung zeigen möchte. Je seltener dies geschah, desto aufmerksamer wurde der gute Spiegel, und alle seine moralischen Eigenschaften gingen in dieser Aufmerksamkeit auf, so daß er sehr bald sich selber nicht mehr gleichsah. Er machte zahlreiche Ausflüge von seiner Haustüre aus und stahl sich scheu und flüchtig über die Straße, um manchmal mit einem schlechten, unappetitlichen Bissen, dergleichen er früher nie angesehen, manchmal mit gar nichts zurückzukehren. Er wurde von Tag zu Tag magerer und zerzauster, dabei gierig, kriechend und feig; all sein Mut, seine zierliche Katzenwürde, seine Vernunft und Philosophie waren dahin. Wenn die Buben aus der Schule kamen, so kroch er in einen verborgenen Winkel, sobald er sie kommen hörte, und guckte nur hervor, um aufzupassen, welcher von ihnen etwa eine Brotrinde wegwürfe, und merkte sich den Ort, wo sie hinfiel. Wenn der schlechteste Köter von weitem ankam, so sprang er hastig fort, während er früher gelassen der Gefahr ins Auge geschaut und böse Hunde oft tapfer gezüchtigt hatte. Nur wenn ein grober und einfältiger Mensch daherkam, dergleichen er sonst klüglich gemieden, blieb er sitzen, obgleich das arme Kätzchen mit dem Rest seiner Menschenkenntnis den Lümmel recht gut erkannte; allein die Not zwang Spiegelchen, sich zu täuschen und zu hoffen, daß der Schlimme ausnahmsweise einmal es freundlich streicheln und ihm einen Bissen darreichen werde. Und selbst wenn er statt dessen nun doch geschlagen oder in den Schwanz gekneift wurde, so kratzte er nicht, sondern duckte sich lautlos zur Seite und sah dann noch verlangend nach der Hand, die ihn geschlagen und gekneift, und welche nach Wurst oder Hering roch. – –

GOTTFRIED KELLER

Wer die Katze ins Wasser trägt, der trägt sein Glück aus dem Hause.

Sprichwort

Die Augen der Nachttiere, wie die der Katzen, leuchten im Dunkeln und strahlen so, daß man sie nicht ansehen kann.

PLINIUS

Einige Erklärer des Korans sagen, daß die Katze aus dem Niesen des Löwen erschaffen wurde: Die Bewohner der Arche Noahs hatten unter der Menge der Mäuse zu leiden und beklagten sich bei Noah. Noah bat Gott den Herrn um Erleichterung, und der Herr wies ihn an, die Stirn des Löwen zu reiben; da nieste der Löwe, und aus seinen Nüstern kam ein Katzenpaar: der Kater aus der rechten und die Katze aus der linken Nüster, und sie befreiten die Arche von der Mäuseplage. Darum ist die Katze dem Löwen so ähnlich.

Tierbuch des Dschâhis, 9. Jahrhundert

Wenn der Herr der Katze in ein anderes Haus umzieht, so bleibt sie lieber in dem heimischen Hause als mit ihrem Herrn zu ziehen, auch wenn sie ihn genau kennt. Nimmt er sie mit und mag sie das Haus nicht, so verweigert sie ihm den Gehorsam; mitunter entläuft sie dem neuen Hause, ohne die Lage der früheren Wohnung zu kennen, und es ergeht ihr, als sei sie ausgesetzt – sie verwildert oder kommt um. Der Hund hingegen verläßt das Haus und geht mit den Bewohnern; die Tauben indessen verhalten sich wie die Katzen.

Tierbuch des Dschâhis, 9. Jahrhundert

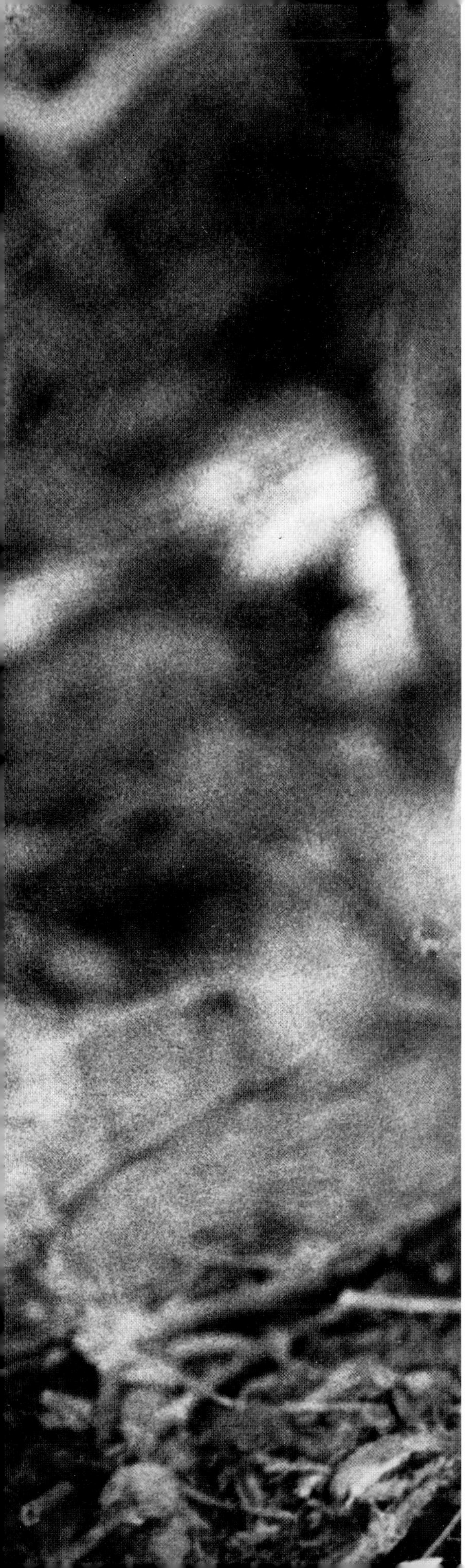

KATZ / KATER – ist ein gantz bekanntes vierfüßiges Thier. Es giebet ihrer vielerley Arten, doch sind durchgehends ihre Augen, Zähne, Zunge und Pfoten formiret wie an Löwen, so haben sie auch viel von der Natur des Tygers. Sie lassen sich gantz leichtlich zähmen, wer nur mit ihnen glimpflich umgehen will; doch werden sie auch leichtlich schüchtern, wenn man mit ihnen nur ein wenig rauh verfähret.

Sie lieben die Gesellschaft derer Menschen, liebkosen denselben, und lassen sich gerne von ihnen streichen.

Wenn einer Katze des Nachts das Haar auf dem Rücken widersinns gestrichen wird, so lässet es nicht anders, als ob Feuer-Funcken daraus ausführen. Die Augen der Katze werden nach denen Monds-Brüchen bald grösser bald kleiner. Ihre Aug-Äpffel ahmen bey Tage dem Lauff der Sonne nach; denn vor Tage in der Morgen-Demmerung erstrecken sie sich weit, um den Mittag ziehen sie sich um einen Creyß, und am Abend werden sie stumpff, in der Nacht wird das mittlere Theil erleuchtet, also daß ihre Augen um selbige Zeit so feurig gläntzen, als ob sie brenneten, und wollen einige, daß sie bey der Nacht so gut sehen sollen, als bey Tage.

ZEDLER, 1732

Epitaph einer Katze

Das Leben ist mir ganz verleidet.
Was, glaubst du, Magny, was mich scheidet
Von aller Freude ganz und gar?
Nicht Geld verlor ich, – nein bewahr!
Nicht meine Börse, noch Geschmeide.
Und warum also? Samt und Seide
Könnt' ich verschmerzen, wenn mir bliebe
Mein Gut, mein' Lust und meine Liebe.
Was also denn? – O grausamer Bericht!
Das Herz mir fast im Leibe bricht,
Will ich das sagen oder schreiben:
Belaud, ach konntest du nicht bleiben!
Belaud, mein kleines graues Kätzchen,
Du mein geliebtes niedlich's Schätzchen!
Er war das schönste Exemplar
Von seinesgleichen großer Schar.
Die andern sind vor ihm nur Schatten;
Er war Belaud, der Tod der Ratten.
Die schönste Katze weit und breit
Und würdig der Unsterblichkeit.

Hör nun! zum ersten war Belaud
Nicht völlig grau, noch war er so,
Wie Frankreichs Katzen meistens sind;
Er war, wie man zu Rom sie find't:
Bedeckt von silbergrauem Fell,
Geschmeidig und wie Seide hell,
Schimmernd gewellt sein Rücken schien,
Der Bauch war weiß wie Hermelin.

Das Schnäuzchen klein, die Zähnchen fein,
Die Äuglein sanft wie Mondenschein,
Doch blitzt' es grünlich unterm Lid,
Wie man's am Regenbogen sieht,
Wenn er sich hoch am Himmel spannt,
Ein vielfach schimmernd Farbenband.

Der Kopf zum schönen Wuchse paßt,
Ein kräft'ger Hals trägt seine Last,
Das Näschen schwarz wie Ebenholz,
Das kleine Schnäuzchen löwenstolz;
Darum herum wächst fein und zart
Sehr vornehm silbern ihm der Bart;
Um es dir kurz zu sagen denn:
Von Kopf bis Fuß ein Gentleman.

Die Beine zierlich, Pfoten klein,
Mehr als ein Seidenhandschuh fein,
Ein Hälschen daunenweich und zart,
Das Schwänzchen lang nach Affenart,
Dazu gesprenkelt kunterbunt;
In der Natur ein seltner Fund.
Die Flanken hoch, die Mitte breit,
Für die Gestalt ein passend Kleid,
Der Rücken mittelmäßig lang,
Ein lust'ger Bruder und nie bang.

So war Belaud, das liebe Tier,
Vom Kopfe bis zum Fuße schier
Mit solcher Schönheit angetan,
Wie nirgends sonst wir sie noch sahn.
O welches Unglück! welch ein Schlag!
Wie soll ich ihn verwinden, sag!
O welche Trauer, welche Not!
Ganz sicher hätte selbst der Tod,
Wie grausam er auch ist, – ich wette! –
Wenn er nur hingesehen hätte,
Ein solches Tier verschont: ein Stein
Selbst würde dann geschmolzen sein.
Mir wäre nicht in Leid und Bangen
Dann alle Lebenslust vergangen.

Doch hat wohl nie der Tod gesehn,
Wie artig Belaud konnte flehn,
Wie ausgelassen spielen, hüpfen,
Wie schmiegsam durch ein Löchlein schlüpfen:
So sprang er oder kratzte sich –
So drehte er sich, oder schlich
Nach Katzenweise, oder jetzt
Fängt er ein Mäuslein, doch er setzt
Zunächst es wieder frei, er jagt
Es hin und her, wie's ihm behagt.
Dann wieder voller Lustigkeit
Putzt er sich nach der Essenszeit
Sein Mäulchen mit der Pfote rein;
Nun springt er mir ins Bett hinein.
Der Schlingel! oder er stibitzt
Vom Mund die Wurst mir, doch besitzt
Er Vorsicht, mich nicht zu erbittern:
Ich soll ihn schließlich ja noch füttern!
Noch tausend andre Schmeichelein
Erfand er, um mich zu erfreun.

Mein Gott, welch eine Augenweide,
Wenn um ein Knäuel weißer Seide
Belaud ganz ausgelassen hüpfte,
Wenn ihm der Faden bald entschlüpfte,
Bald vor ihm lag, so daß sein Lauf
Dem Rädchen glich im Ab und Auf.
Nun saß er auf dem Hinterteil
Und bildete ein Strumpfbandseil.
Er zeigte seinen runden Bauch,
Mit Samt bewachsen, zart wie Rauch:
So glich er, rund wie eine Tonne,
Dem schönsten Doktor der Sorbonne!
Dann wiederum, wenn man ihn reizte,
Zum Fechtkampf er die Pfoten spreizte –
Doch schwand die Kampflust auf einmal,
Sobald er roch sein Mittagsmahl.

Das aber, Magny, war das Leben,
Das die Natur Belaud gegeben.
Und ist es nun nicht zu bedauern?
Man sah in keines Hauses Mauern
Ein Katzentier von mehr Verstand
Im Mäusekampf, soweit bekannt.
Er kannte tausenderlei Arten,
Sie vor den Löchern zu erwarten.
Und war's so weit, dann arme Maus!

Nie kehrst du wieder in dein Haus!
Und nie gelang es einer Ratte,
Wenn Belaud sie erspähet hatte,
Zu flüchten. Wahrlich, jeder fand,
Belaud – das war kein Ignorant:
Er konnte mit Eins-a-Benehmen
Sein Fleisch sich selbst vom Tische nehmen;
Versteht sich: wenn man's präsentierte –
(Sonst mit der Tatz' er mich traktierte).
Und war's so weit, dann fraß er keck
Den Schmaus allein in seiner Eck.

Belaud war niemals schlechter Laune,
Und Übles brach er nie vom Zaune,
Und überschritt er mal das Maß,
So war's, daß er 'nen Käse fraß,
Wohl leider auch mal einen Fink,
Der ihn mit seinem Singsangsing
Geärgert hatte. – Wer mag's richten?
Vollkommen sind auch wir mitnichten.

Belaud war keins von jenen Tieren,
Die Tag und Nacht nach Futter gieren,
Weil sie nur an den Magen denken.
Er konnte sich vielmehr beschränken,
Nie überschritt er frech das Maß
Der Tugend – auch und grad beim Fraß.
Auch war gewohnt er zu verzichten,
Die Notdurft wahllos zu verrichten,
Wie leider viele Katzen tun,
Die sich benehmen wie ein Huhn.
Denn wenn Belaud, das edle Tier,
(Nur unter Zwang!) wohl einmal schier
Nicht ganz so edel sich benommen,
Wie es den Edlen möchte frommen,
Verbarg er unter Asche dies,
Was er (gezwungen!) gehen ließ.

Er war beim Spiel mein Kamerad,
Er spann vor mir auf seinem Rad,
Und schnurrte eine Litanei
Von langgezogner Harmonei.
Dann wieder klagte er ganz leise
In kindlich zarter Katzenweise.

Belaud (soweit Erinnerung reicht)
Stört' manchmal nur bei Nacht vielleicht,
Wenn irgendwelche üblen Ratten
Von seinem Schlaf geweckt ihn hatten,
Als sie an meinem Bette nagten.
Dann folgten manchmal wilde Jagden.
Belaud war dabei niemals lahm
Und auch nicht eine ihm entkam.

Doch weh! seit herzlos nun der Tod
Dem armen Tier die Rechte bot,
Dem einz'gen Wächter meiner Nacht,
Bin ich um Sicherheit gebracht.
Denn nun, mein Freund, bin ich verloren!
Nun beißen Ratten mir die Ohren!
Ja schlimmer noch, ach, selbst die glatten
klangschönen Verse nagen Ratten. –

Belaud allein war Liebling mir,
War Freund, wie niemals sonst ein Tier –
Im Zimmer, zu Tisch und in den Kissen –
Ach, immer werd' ich ihn vermissen!
Kein Hund von allen, die ich weiß,
Hat seine Zeit, so klug und leis,
Mit solchem Sinn für Maß und Acht
Bei aller Freiheit zugebracht.
Belaud allein, ich darf es sagen,
Hat einzigartig sich betragen.
Mit ihm ist – ach! für stets verloren,
Was von so edler Art der Katzen je geboren.

JOACHIM DU BELLAY

An Molly, Glycerens Lieblingskatze

An dem fernesten Rand
der Erde kennt man
Deine Tugenden, Molly,
deine Reize.
Du die Venus
der schöngefleckten
Cyper!

Dichter singen entzückt
den Liebreiz deiner
Schmeichelmiene,
beneiden deine Spiele
Auf dem Schoße Glycerens
und dein Lager
In dem Bette des
liebevollsten Mädchens.

GEORG SCHATZ

Ode auf den Tod einer Lieblingskatze, die in einer Goldfischvase ertrank.

Auf einer luftigen Vase Rand,
Die Chinas heitre Kunst umwand
Mit Blumen aus Azur,
Ruht Selima gedankenvoll,
Starrt, stolz-gelassen jeder Zoll,
Hin auf die Wasserflur.

Ihr schöner Schweif der Lust Signal;
Das Haupt, der Schnurrbart schneeig-fahl,
Der Pfoten Sammetflaus,
Ihr Fell geflammte Schildpattpracht,
Ihr Ohr Onyx, ihr Aug Smaragd,
Sie sah's; und schnurrt Applaus.

Sie ruht und starrt; im Wasserreich
Zwei Wesen gleiten engelgleich,
Die Genien des Stroms:
In ihren Schuppenpanzern loht
Unter dem satten Purpurrot
Gold eines Strahlendoms.

Die Nymphe voller Staunen sah:
Das Schnurrhaar, dann die Tatze da,
Sie streckt sich, wählerisch,
Vergebens aus in Beutegier.
Verachten Weiber Goldes Zier?
Verschmäht die Katze Fisch?

Verblendete! Den Blick gespannt,
Sie dehnt und beugt sich übern Rand
Und wittert nicht ihr Grab.
(Die Schicksalsgöttin lächelt hart)
Der glatte Rand die Tatzen narrt,
Kopfüber stürzt sie ab.

Achtmal aus Todesflut sie taucht,
Und alle Wassergötter faucht
Sie um Errettung an.
Nicht Nereide noch Delphin,
Noch Kater Tom zu Hilf erschien.
Das Günstlingsglück zerrann.

Nie wird, Ihr Schönen unbedacht,
Ein Fehltritt wieder wettgemacht,
Drum seid bedachtsam dreist.
Nicht alles, was den schwanken Sinn
Verführt, ist wirklicher Gewinn,
Nicht alles Gold, was gleißt.

THOMAS GRAY

Es ist keine Katze noch so mild,
wenn man sie einsperrt, wird sie wild

Sprichwor

Die schöne Helena und die offene Tür

Jede Katze, die ersucht wird, ein Zimmer soschnell wie möglich zu betreten, bekommt die Schwellenstarre. Sie versteift ihre Beine, hißt das Schwänzchen, prüft die Atmosphäre und stellt ihren Motor auf Langsam. Am liebsten setzte sie sich nieder, um zu diskutieren.

Andererseits: Jede Katze, die ersucht wird, das Zimmer so schnell wie möglich zu verlassen, muß erst mal überlegen, welches Risiko sie da eingeht. So mir nichts dir nichts durch die offene Tür? Hinaus? Und wenn da draußen Katzenfresser lauern?

Das will bedacht sein. Bitte nicht so eilig, es pressiert nicht. Sie hat fünf Minuten vor der verschlossenen Tür gemaunzt. Sie wollte hinaus. Oder herein. Es hat pressiert. Jetzt ist die Türe offen. Jetzt erbittet sie Bedenkzeit.

Schneller als mit Gedankenschnelle kann die Katze Mäuse fangen, das hat der Mensch genau gesehen, überhaupt als Tier ist sie rasend schnell. Aber da, wo der Mensch Gedankenschnelle von ihr erwartet, erlaubt sie sich Trödeleien, die er nicht einmal bei dem Damenbesuch der schönen Helena unwidersprochen hinnähme. Verhielte die schöne Helena im Türspalt zwischen meinem wohltemperierten Zimmer und dem zugigen Korridor den Schritt, um lange vor sich hinzugrübeln, so sähe ich sie an mit dem männlichen Drängelblick: «'raus oder 'rein!» Eine Schönheit, die zwischen Tür und Angel steckenbleibt, erregt die Galle und sonst nichts. Das ist der Punkt, in dem Katze und Mensch niemals zusammenkommen, tut mir leid.

Ich kann mich noch nicht beruhigen. Die schöne Zimmerluft geht flöten, ich habe meine Zeit nicht gestohlen, die Katze wollte herein – gut, ich bin extra aufgestanden. Ich habe die Tür aufgerissen wie ein Pförtner – und was nun? Die Katze besinnt sich. Durch diesen kleinen Spalt da? Sie sieht skeptisch hoch, schiebt den Kopf versuchsweise etwas vor und studiert mich. Wenn die Katze mich studieren will, soll sie ins Zimmer kommen, aber mit Beeilung, denkt der Mensch da oben und zischt herab: «Mach schon, Puß!» Widerlich, denkt Puß, der hat heute wieder eine Laune wie die Katz, wenn's donnert. Sie weicht dezent zurück. Sie schlägt das hochgerollte Schwänzchen unter, setzt sich darauf und studiert die Chance zwischen Tür und Mensch. Dann steht sie zögernd auf, streckt sich, schiebt den Kopf etwas vor...

In seiner Ungeduld drückt der Mensch die Tür etwas an, soll sie sich doch beeilen! Die Katze fährt mit dem Kopf zurück, in diese Falle geht sie nicht. Sie blickt zerstreut über die Schulter in das kalte Nichts des Korridors zurück: «Eigentlich wollte ich ja rasch noch eine dringende Besorgung machen, soll ich wirklich kommen? Das will ich mir erst überlegen ...»

Manchmal bewährt es sich, die Tür weit aufzureißen, sich dahinter zu verstecken und die Katze wie eine grübelnde Märchenfee eintreten zu lassen; manchmal hält sie wirklich in dieser Form ihren Einzug, den schnellsten, der Katzen über ihre Schwellenstarre hinwegbringt. Die zärtlichsten Typen unter ihnen können es nicht unterlassen, sich zunächst anerkennend über das Wiedersehen mit dem Zimmer am Türstock zu reiben und die Augen zu schließen. Dem Menschen in seiner Ungeduld ist nach allem anderen als nach Augenschließen zumute. Er und die Katze schweben in diesem Moment in größter Gefahr, daß der Dämon der Nervosität die menschliche Hand dazu verleitet, die Türe zuzuschlagen. Dann ereignet sich, was die Katze instinktiv befürchtet hat: Ihr Schwanz wird eingeklemmt. Sie schreit, faucht auf oder versteckt sich unter dem nächsten Schrank. Alle Menschen sind Rowdys. Ihre Skepsis hat sich bestätigt. Man passiert nicht ungestraft eine Tür in höchster Hast. Es ist und bleibt ein Vabanquespiel. Es gibt nichts Falscheres als den Menschen.

Keine Katze tritt so unüberlegt wie ein Hund in ein Zimmer. Sich vor die Türe pflanzen und jammern, das ist die Ouvertüre. Die Feierlichkeit des Einzugs rituell gestalten, stutzig werden, nicht richtig mögen, sich das Ganze noch mal durch den Kopf gehen lassen, das ist der erste und zweite Akt. Plötzlich pfeilgeschwind hineinhuschen, das ist der dritte.

Besitzt man zwei Katzen und ist die eine in der Stube, während die andere hinter der Tür um Einlaß quengelt, dann will die Stubenkatze hinaus, um die Korridorkatze zu begrüßen; öffnet man die Tür, um die Begegnung zu ermöglichen, dann spaziert die Korridorkatze herein, die andere an ihr vorbei hinaus. Schließt man die Tür, so wiederholt sich das Spazierspiel, nur mit umgekehrten Katzen. Wie die Figuren einer Spieluhr spazieren sie aneinander vorbei.

Der Mensch wäre anders. Er wäre genau wie der Hund. Bekäme Venus Kallipygos zwei, drei Male eine Tür auf das schöne Hinterteil geknallt, weil ihr Auftritt zu schläfrig vor sich ging, so überschritte sie Schwellen nur noch im Stafettenlauf.

Allerdings, die kätzische Türschwellenstarre funktioniert nur dann, wenn eine Katze dringend gebeten hat, schleunigst herein- oder hinausgelassen zu werden. Soll sie absolut nicht hinaus, so bringt sie es fertig, schneller als ein Gespenst durch den Türspalt zu huschen. Kaum möglich, ihr mit den Blicken nachzukommen. Sie macht sich einfach unsichtbar und entwischt durch eine Ritze.

Vielleicht studiert sie gerade deshalb ihren Eintritt so gewissenhaft, um darüber ins reine zu kommen, wie man am schnellsten wohl wieder hinauswetzt, wenn der Mensch das nicht wünscht.

EUGEN SKASA-WEISS

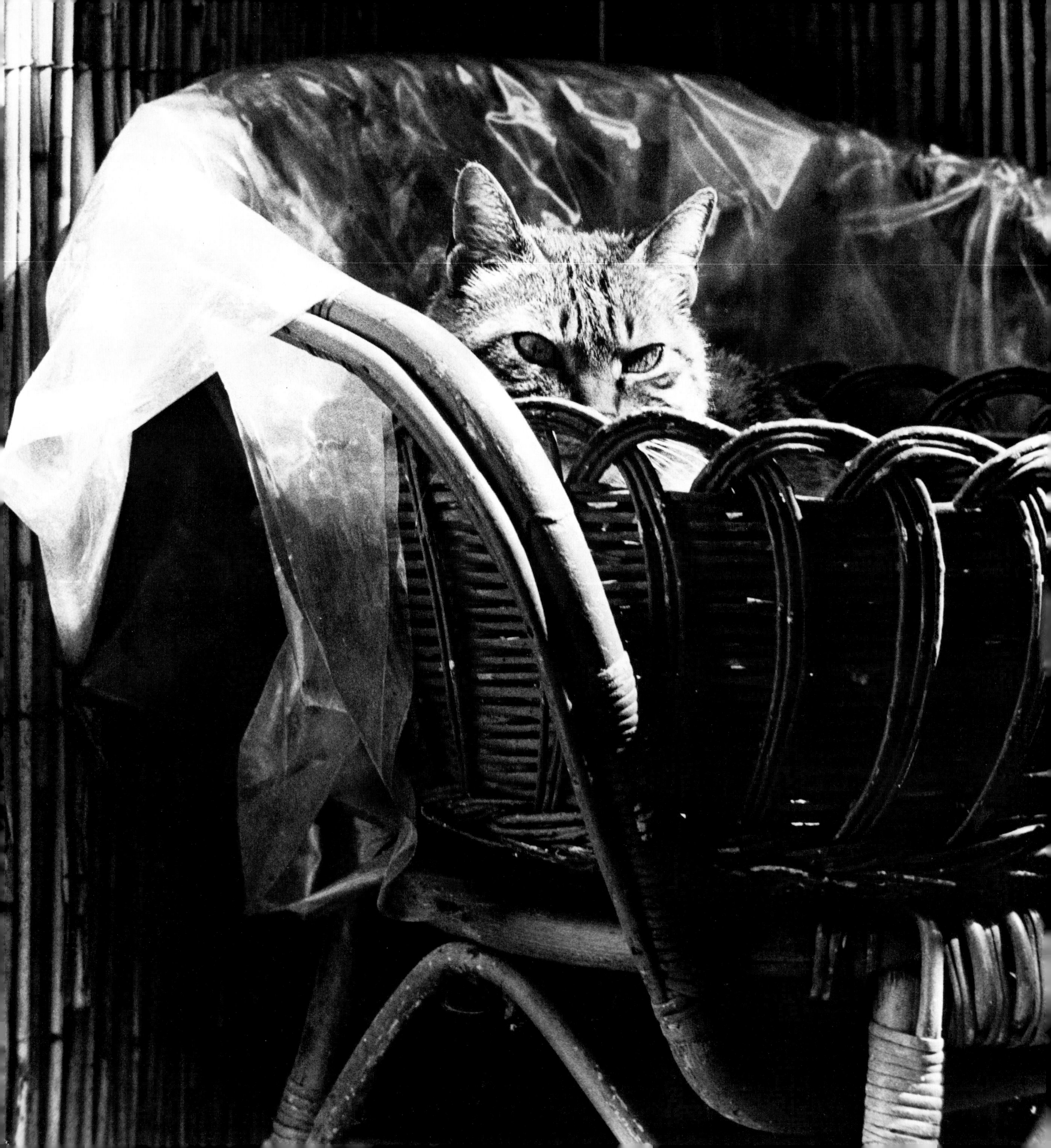

Ich denk an eine alte Katz', die heißt Tupfentapfenschecken.
Ihr Rock ist von der bunten Art, gestreift und mit Pardelflecken.
Sie sitzt den ganzen Tag herum, auf Treppenstufen und Decken.
Und sitzt und sitzt und sitzt und sitzt – die Tupfentapfenschecken!

Und wenn Tages lärmend Gedränge verronnen,
Hat das Tagwerk der Katz' noch gar nicht begonnen.
Erst wenn alles im Bett ist und schläft in der Nacht,
Schürzt sie ihren Rock und schleicht kellerwärts sacht,
Besorgt um das Leben, das Mäuse dort führen –
Ihr schlechtes Benehmen, unnette Manieren –
Und hat sie sie, lehrt sie sie musizieren,
Und Nadelwerk, häkeln und tätowieren.

Ich denk an eine alte Katz', die heißt Tupfentapfenschecken.
Man find't schwerlich eine so wie sie, liebt warme sonnige Flecken.
Sitz auf meinem Bett und meinem Hut und in der Ofenecken:
Und sitzt und sitzt und sitzt und sitzt – die Tupfentapfenschecken.

Und wenn Tages lärmend Gedränge verronnen,
Hat das Tagwerk der Katz' noch gar nicht begonnen.
Sie meint, wenn die Mäuse so laut und unstet,
Käm' das sicher von ihrer falschen Diät.
Und meint auch, man müsse alles versuchen,
Und backt den herrlichsten Mäusekuchen,
Nebst einem Braten aus Erbswurst und Weck
Und herrlichstem Käse und fettestem Speck.

Ich denk an eine alte Katz', die heißt Tupfentapfenschecken;
Verknotet die Gardinenschnur mit Seemanns-Tücken und Tecken.
Sitzt flach auf jeder Fensterbank, in allen gemütlichen Ecken:
Und sitzt und sitzt und sitzt und sitzt – die Tupfentapfenschecken!

Und wenn Tages lärmend Gedränge verronnen,
Hat das Tagwerk der Katz' noch gar nicht begonnen.
Sie meint, daß die Schaben Beschäftigung brauchen,
Daß sie nicht so faul durcheinander krauchen.
So teilt sie den ungeordneten Hauf
Hilfreich in Pfadfindergruppen auf,
An Lebenszwecken und Zielen reich,
Und schenkt ihnen auch einen Zapfenstreich.

Also: dreimal Hurra für die alte Katz'!
Im geordneten Haushalt ist sie ein Schatz.

THOMAS STEARNS ELIOT

Ärger mit Schopenhauer

Sehr geehrter Herr Generaldirektor, ich bitte, mir nicht zu verübeln, daß ich Sie mit einem sehr ausführlichen Schreiben behellige. Unerwartete, merkwürdige Begebenheiten veranlassen mich, um Rückversetzung an unser Zweigwerk in O. zu bitten. Ich darf Ihnen den Fall nachstehend vortragen.

Als ich vor rund anderthalb Jahren, von Ihrer freundlichen Aufmerksamkeit begünstigt, in das Planungsbüro unseres Hauptwerkes berufen wurde, befand sich in meinem Gefolge außer meiner Frau, zwei Kindern und der Hausgehilfin auch unser Kater Schopenhauer, in etwas bedrängteren Augenblicken auch Schops gerufen. Ich wählte diesen vielleicht sonderbar anmutenden Namen einmal, weil mich das Tier auf rätselhafte Weise an meinen Lieblingsphilosophen Schopenhauer beziehungsweise dessen Bild erinnert, zum anderen aber, weil es von ungewöhnlicher, fast menschlicher Intelligenz ist, und in einer Art Symbiose mit mir lebt. Solange ich im Hause bin, ist auch Schopenhauer im Hause. Er verläßt es, wenn ich ins Büro fahre. Er erwartet mich vor der Haustür, wenn ich heimkehre. Da ich nachts oft arbeite, haben wir getrennte Schlafzimmer, das heißt, meine Frau und ich, während Schopenhauer, der an Sauberkeit jeden Menschen übertrifft, in meinem Bett schläft. Arbeite ich über vertretbare Zeit hinaus, so kommt er auf den Zeichentisch und legt seine Pfote auf meinen Arm. Er vermahnt mich. Das wiederholt sich, wenn ich nicht aufhöre. Aber meist folge ich dem Rat. Nur dreimal ist es vorgekommen, daß Schopenhauer mir buchstäblich den Zeichenstift aus der Hand schnippte.

Morgens, wenn der Wecker schellt, erhebt sich Schopenhauer unauffällig – er liegt oberhalb meines Kopfkissens – und legt die Pfote auf den Druckknopf, der das Klingeln abschaltet. Das geschieht gelegentlich so rasch und taktvoll, daß ich wieder in Schlaf falle. Das wiederum läßt das Tier nicht lange zu, sondern nötigt mich durch freundlichste Berührung in den Tag, geleitet mich ins Badezimmer und putzt und leckt sich, während ich mich wasche und rasiere. Dann frühstücken wir zusammen, denn ich frühstücke allein, und Schopenhauer besetzt und besitzt für diese Viertelstunde das hohe Kinderstühlchen unserer Anette, leert seine kleine Milchschüssel, kriegt vom Honighörnchen, auch Käserinden schätzt er sehr, und wenn ich eine oder zwei Ölsardinen mit ihm teile, ist das ein Festtag für ihn. Er begleitet mich zum Auto; wenn es anfährt, springt er mit einem federnden Satz auf die Mauer des angrenzenden Friedhofs und ist für die Stunden meiner Abwesenheit verschwunden. Nur selten kommt er mittags für einen kurzen Imbiß nach Hause, offenbar nur dann, wenn andere Jagdgründe sich ihm verschlossen hielten.

Für Menschen, beziehungsweise ihre Charaktere, hat er einen zuweilen geradezu bestürzenden Instinkt. Kommen Besucher, so empfängt er sie mit mir an der Tür, und noch während sie Hut und Mantel ablegen, sieht das Tier mich ruhig an, und ich kann an diesem Blick ablesen, mit wem ich es zu tun habe. Seine Augen drücken dann soviel Zustimmung oder Ablehnung aus, daß an seiner Einschätzung kein Zweifel möglich ist. In besonders krassen Fällen äußert sich diese auch in aktiver Stellungnahme. So hatten wir, noch in O., eine Hausangestellte von aufdringlicher Liebenswürdigkeit, angenehmem Äußeren und betont guten Manieren. Schon am zweiten Tag antwortete Schopenhauer auf eine ihm zugedachte Liebkosung mit einem

Kratzer. Am siebten Tag beschwerte sich der Hausgeist über eine unziemliche Verunreinigung seines Kopfkissens. Am neunten Tage stellte meine Frau die erste Einbuße an Wirtschaftsgeld fest. Am fünfzehnten vermißte sie eine Bluse und zwei Paar Strümpfe.

Am achtzehnten Tage hörte ich zufällig, spät heimkehrend, unliebsame Geräusche im Zimmer des Mädchens und machte mich mit naiven Fragen nach Einbrechern vor ihrer Tür bemerkbar. Die Zimmertür wurde so geöffnet, daß ich sofort das leere Bett, aber durch herunterhängende Decken nicht unter das Bett sehen konnte. Am Tage darauf verunreinigte Schopenhauer, der mich bei dieser mißlungenen Inspektion begleitet hatte, zwei Stellen unterhalb dieses Bettes nachdrücklichst, offenbar in der Absicht, dem ungesetzlichen Liebhaber den Boden zu weiteren Geheimaktionen zu entziehen. Ich will Sie nicht langweilen mit weiteren Intelligenzbeweisen, sondern auf den eigentlichen Anlaß meines Schreibens kommen.

Seit etlichen Wochen habe ich Ärger mit Schopenhauer. Ärger, der aus der unmittelbaren Nachbarschaft des Stadtfriedhofs herrührt. Ich sagte schon oben, daß der Kater, wenn ich zum Dienst aufbreche, seinen Weg über die Friedhofsmauer wählt, um, wie ich annahm, sich dort zwischen Gesträuch und Gewächsen, bepflanzten oder vernachlässigten Grabhügeln oder Zypressen, Birken und Lebensbäumen zu ergehen, hier eine Eidechse, dort eine Maus oder sonst Jagdbares zu erhaschen, Vögeln nachzustellen, ein Stelldichein zu absolvieren, eventuell auch an frisch ausgehobenen, also keineswegs eingesegneten Gräbern etwas Überflüssiges zu verscharren.

Man weiß, wonach der Sinn des Katzenvolkes steht. All dieses gibt kein Ärgernis; die Tierschutzvereine fühlen sich zum Schutz von Hunden, Affen und Katzen aufgerufen, die Eidechsen und Vögel müssen zusehen, wie sie ohne Tierschutz zu Jahren und Altersheim kommen. Das Ärgernis, das Schopenhauer gibt, ist gewissermaßen metaphysischer Natur. Schopenhauer hat im Laufe der siebzehn Monate, da wir am Ort wohnen, Besitz von diesem Friedhof ergriffen, hat ihn in seine Obhut und Wachsamkeit genommen, und weil er ein äußerst intelligentes Tier ist, hat er seine Befugnisse auch auf eine Art Repräsentation ausgedehnt, die gerade in Anbetracht der trauererweckenden Vorkommnisse, als welche Todesfälle zumeist angesehen werden dürfen, beziehungsweise in Anbetracht der sie abschließenden Begräbnisfeierlichkeiten als unangebracht, ja störend empfunden wird. Nach mancherlei Andeutungen und Gerede setzte mich vor vierzehn Tagen unser würdiger Herr Stadtpfarrer ins Bild, ohne Vorwurf, milde, eigentlich voll Bewunderung und Sympathie für das kluge Tier, aber dann doch mit der inständigen Bitte, Abhilfe zu schaffen. Nicht jeden, aber doch fast jeden Tag haben wir den Heimgang eines Mitbürgers oder einer Mitbürgerin zu beklagen, und Sie wissen vielleicht, daß der Herr Stadtpfarrer sehr auf das Zeremoniell bedacht ist und daß selbst von den unmittelbar Betroffenen seine Feierlichkeiten

geschätzt, beinahe begehrt sind. Man spricht sogar davon, daß Konversionen stattgefunden hätten, weil der Pfarrer von der anderen Fakultät, der sich ohnehin nur auf gewisse Gebete beschränkt, bei weitem nicht so zu Augen und Herzen gehende Stimmung verbreite. Die leichtfertige Redewendung:
Es war ein würdiges Begräbnis, oder: es war eine schöne Beerdigung, hat in unserer Stadt ein reelles Gewicht. Der Herr Stadtpfarrer läßt das gußeiserne Tor des Friedhofs z. B. verschlossen halten, bis der Trauerzug, gewissermaßen um Einlaß bittend, vor dem Portal anlangt. Dann öffnet der Friedhofswärter die Pforte, aber noch ehe er sie öffnet, sehen die vordersten Teilnehmenden durch die Gitterstäbe in der Mitte des Hauptweges, etwa zehn oder fünfzehn Meter entfernt, meinen Schopenhauer sitzen in Erwartung der beinahe obligaten täglichen Feierlichkeit. Der Pfarrer betritt als erster den Weg, Schopenhauer erhebt sich und geht ihm entgegen, langsam, mit hoch erhobenem Schwanz, der sich am Ende der Krümmung eines Bischofsstabes annähert. Er stellt sich neben den Herrn Stadtpfarrer und läßt den Sarg passieren und schließt sich mit dem geistlichen Herrn, der sich im schwarzen Talar mit blütenweißem Beffchen, samtenem Birett auf silbernem Haar sehr eindrucksvoll ausnimmt, dem Sarge an. Da Schopenhauer blauschwarzes Fell besitzt und sich seine Barthaare – er ist nicht mehr der Allerjüngste – an den Spitzen zu versilbern beginnen, mag er jetzt erst das Bild für vollständig halten. Jedenfalls

bleibt er immer neben dem Herrn Stadtpfarrer, soll auch die Schwanzhaltung nicht aufgeben, wie alle Augenzeugen dem Stadtpfarrer beteuert hätten, der erhobenen Hauptes dem Grabe zuschreitet. Anfänglich habe er zuweilen dem hübschen possierlichen Begleiter einen ernsten, gewissermaßen milde verweisenden Blick zukommen lassen, aber der habe sich nicht beirren lassen, vielmehr dem alten Herrn mit einem Blick fragenden Einverständnisses erwidert, als wollte er sagen: Sind wir nicht ein würdiges Paar? Das habe den Herrn Stadtpfarrer zum Lächeln gebracht. Darum schreitet er jetzt, ohne des Tieres zu achten. Am Grabe dann, um das sich die Trauergemeinde versammelt, steht der Pfarrer, während Schopenhauer neben den Sprechenden und Betenden sitzt. Er sitzt unbeweglich und lauscht, den schönen, ausdrucksvollen Kopf mit den Bernsteinaugen etwa auf Hosenbeine beziehungsweise umflorte Schienbeine und Waden der Trauergäste gerichtet. Aber von Zeit zu Zeit unterbricht er seine Unbeweglichkeit und blickt, bei einem schön vorgetragenen Bibelzitat oder einer ausdrucksvollen Geste des Predigenden, mit seitlich hoch gedrehtem Kopf bewundernd zu diesem auf, verharrt ein Weilchen gebannt in dieser aufmerksamen Hinwendung, um sich dann wieder in ein zierliches Monument zurückzuverwandeln. Tritt der Herr Stadtpfarrer, nach vollzogenem Ritual, beiseite, um den Trauergästen Platz zu geben für die letzten Hände Erde, so tritt auch Schopenhauer in den Hintergrund, und während sich nun die Feierlichkeit in ungezügelteren Schmerz und ungeregeltere Teilnahme aufzulösen beginnt, geht der geistliche Herr still für sich, aber nicht allein, den Weg zum Portal zurück. Dort erst hält Schopenhauer an, der diesmal den Schwanz ohne Bischofskringel trägt, und entläßt ihn zu seinem Dienst an den Lebenden. Und nun wähnt er wohl auch sich entlassen, man sieht ihn nicht mehr, und das ist gut so. Denn Sie werden sich vorstellen können, sehr geehrter Herr Generaldirektor, daß die unerbetene Teilnahme des unbestellten Kustoden an den Begräbnisfeierlichkeiten nicht ohne Begleiterscheinungen bleibt. Teilnahme lindert wohl den Schmerz, so sagt man wenigstens. Aber die Teilnahme Schopenhauers an der Feierlichkeit trübt den reinen Schmerz, oder sagen wir genauer, sie läßt keinen ungetrübten Schmerz zu. Seufzer und Schluchzer sehen sich um ihre Eindeutigkeit betrogen. Die Anmut und Gefälligkeit des drolligen Tieres siegt über die Starre und das Mißfallen des Todes. Des Menschen Natur, von widersprüchlichen Reizen angesprochen, verkrampft sich, verliert die vorgefaßte Orientierung. Mit einem Satz: die Existenz Schopenhauers, an offenen Gräbern wenigstens, wird, obwohl oder vielleicht weil sie unfreiwillig den Charakter einer verhohlenen Erheiterung hat, als öffentliches Ärgernis empfunden. So sagte der Herr Stadtpfarrer, so sagte es mir ein anonymer Brief, der mir die bevorstehende Beseitigung Schopenhauers androht. Und so sage ich es mir selbst. Wir Menschen haben, wie Friedrich Schiller es großartig formuliert hat, nur die bange Wahl zwischen Sinnenglück und Seelenfrieden. Ich erhalte mir beides und meiner Umwelt den Seelenfrieden, wenn ich das Ärgernis entferne. Darum bitte ich nach langer und reiflicher Überlegung um meine Rückversetzung nach O., notfalls in die alte Stellung und Gehaltsstufe. Hochachtungsvoll Ihr sehr ergebener... Randnotiz des Generaldirektors: In Anbetracht einer weiterhin glücklichen Symbiose werden Schopenhauer und sein Besitzer an die Zweigniederlassung der Firma nach O. versetzt. Letzterer bewegt sich eine Gehaltsstufe aufwärts.

RUDOLF HAGELSTANGE

Die verschwundene Katze

Hat denn niemand
mein Kätzchen geseh'n?
Mein Miezekätzchen
ist fortgelaufen,
mitten im Winter!
Ich wollte es taufen,
doch vielleicht konnte
es das nicht versteh'n...

Ich bin voll Sorge.
Es schneit und schneit.
Vielleicht ist dem armen
Kätzchen jetzt bange?
Es schneit und schneit
und schneit
schon so lange,
so lange Zeit...

Es friert! Sicher friert es!
Da kommt Nachbars Kurt –
auch er hat das Kätzchen
nirgends gesehen.
Nun bleibt mir nichts
als nach Hause zu gehen ...
Da sitzt es
und schnurrt!

ILONA BODDEN

Die Katz' wär aus der Art,
die nicht in Milch steckt ihren Bart.

Sprichwort

Die Katzen sind – ein subtiles leichtfüßiges Thier,

die gar sacht und leise zu gehen und zu schleichen pflegen.

GEORGICA CURIOSA, 1682

Katz, jenseits jetzt von Daseins Höh und Hitze,
Wie manche Maus und Ratz als Jagdgewinne
Hast du erhascht? Wie manches Naschwerk? Sinne
Mit lässig grünem Halbmondblick und spitze

Das samtne Ohr – doch bitt ich sehr, zerschlitze
Mich mit verborgner Kralle nicht, beginne
Dein sanftes Schnurren und den Faden spinne,
Wie Küken, Maus und Fisch du fingst mit Witze.

Nein, blick nicht nieder, leck die Pfoten nicht –
Wenn du auch Asthma hast und abgeknickt
Dein Schwanzesende, und manch Bösewicht

Von Dienstmagd dich gebeutelt und gezwickt –
Dein Fell ist weich wie einst, als du ins Licht
Des Daseins tratst, auf Mauern glasgespickt.

JOHN KEATS

Sie sind von feinstem Empfindungsvermögen, – ungemein genießerisch; streichelt man sie, dann reiben sie sich schnurrend an unserm Körper, sie wälzen sich zärtlich auf uns und sehen uns an mit ihren gelben Augen, – Augen, die uns gleichwohl gar nicht zu sehen scheinen.

Ich streichelte, ich liebkoste dies weiche, sensible Tier, das geschmeidig ist wie ein Stoff von Seide, – sanft, warm, kostbar und gefährlich.

Ich habe Freude daran, sie zu berühren und ihr seidiges knisterndes Haar unter meine Hand gleiten zu lassen, – angenehm ist es mir, ihre Wärme in diesem Haar zu fühlen, in diesem zarten, erlesenen Pelz. Nichts ist sanfter, nichts gibt der Haut eine feinere Empfindung, – eine so überzarte und seltene Sinneserfahrung wie das schmeichelnd-milde und bebende Fellkleid einer Katze

GUY DE MAUPASSANT

Wieviele lange Tage
habe ich
mit meiner Katze allein
dahingelebt.
Unter *allein* verstehe ich:
ohne etwas
Faßbar-Materielles.
Ist doch meine Katze
ein Gefährte
von mystischer Art, –
ein Geist-Wesen.

STÉPHANE MALLARMÉ

Die glühenden Verliebten und die strengen Weisen, beide lieben in reifem Alter die mächtigen und sanften Katzen, die, des Hauses Stolz, gleich ihnen die Kälte meiden und das Zimmer hüten.

Versonnen nehmen sie die edlen Haltungen der großen Sphinxe ein, die ausgestreckt in tiefen Einsamkeiten ruhen und zu entschlummern scheinen in endlosem Traum –

CHARLES BAUDELAIRE

I

In meinem Hirn geht, als wär es ihre Wohnung, eine schöne Katze spazieren, kraftvoll, sanft und reizend. Wenn sie miaut, hört man es kaum,

So zärtlich und verstohlen ist der Klang; ob aber ihre Stimme sich sänftigt oder grollt, stets tönt sie reich und tief. Das ist ihr Zauber und ihr Geheimnis.

Diese Stimme, die in meine finsterste Tiefe perlt und träuft, erfüllt mich wie wohllautende Verse und erheitert mich wie ein Heiltrank.

Sie schläfert die ärgsten Leiden ein und enthält alle Wonnen; um die längsten Sätze zu sagen, bedarf sie keiner Worte.

Nein, es gibt keinen Bogen, der über das vollkommene Instrument meines Herzens streicht und königlicher seine bebende Saite singen machte,

Als deine Stimme, geheimnisvolle Katze, seraphische Katze, seltsame Katze, in der, gleichwie in einem Engel, alles von Zartheit wie von Harmonie durchwirkt ist!

II

Aus ihrem blond und braunen Fell steigt ein so süßer Duft, daß eines Abends ich ganz davon durchhaucht war, als ich einmal, ein einziges Mal nur, sie gestreichelt hatte.

Sie ist der Hausgeist hier; sie richtet, herrscht, begeistet alle Dinge in ihrem Reich; vielleicht ist sie eine Fee, ist sie ein Gott.

Wenn meine Augen, die diese geliebte Katze magnetisch auf sich lenkt, gehorsam sich wenden und ich dann nach innen blicke,

So seh ich mit Erstaunen das Feuer ihrer bleichen Augensterne – Leuchtzeichen, lebende Opale –, die mich anschaun unverwandt.

CHARLES BAUDELAIRE

Als der Mystiker
Schiblî gestorben war
(im Jahre 996),
sah ihn einer seiner
Gefährten
im Traum und fragte ihn,
was Gott
an ihm getan habe.
«Gott hat mir einen Platz
zu seinen
Füßen gegeben»,
antwortete er, «und er
hat mich gefragt:
‹Weißt du auch,
warum ich mich deiner
erbarmt habe?›
Ich sagte: ‹Wegen meiner

frommen Werke.›
‹Nein›, erwiderte der Herr.
‹Ist es wegen
meines reinen Gottes-
dienstes?› Er verneinte.
‹Wegen meiner
Pilgerfahrten und meines
Fastens und Betens also?›
‹Nein›, sprach der Herr,
nicht darum habe ich
mich erbarmt.›
‹Warum dann, o mein Gott?›
Und Gott antwortete:
‹Erinnerst du
dich nicht, wie du einmal
in den Straßen
von Bagdad unterwegs
warst und eine kleine
Katze fandest?
Sie war schwach vor Kälte
und suchte in den
Mauerlücken Schutz vor
dem bitteren Frost
und dem Schnee.
Da hast du sie zu dir
genommen in
Barmherzigkeit und hast
sie in deinen
Pelz gesteckt, um sie vor
der Kälte zu schützen.
Für dein Erbarmen mit
jener Katze habe
ich mich deiner erbarmt!›»

Chronik von Damaskus, 12. Jahrhundert

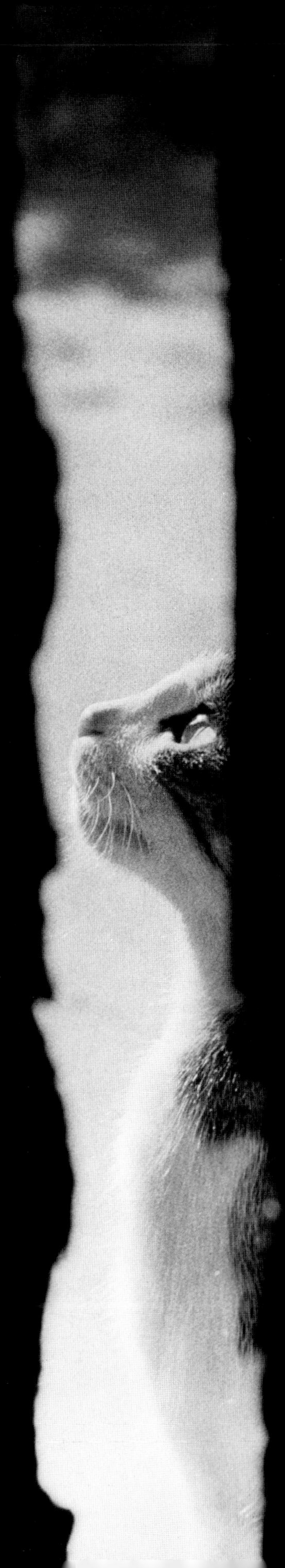

Epitaph

Den Kater,
meinen Gefährten,
haben die Kinder gesteinigt.

Der Apfelbaum
hinten im Garten
wurde im Winter gefällt.

Nur noch im Traum
blüht er fort
in der bienendurchsummten Stille,
und der schwarze geduldige Kater
hascht nach den Schatten im Gras.

Wer aber wird, wenn ich sterbe,
zuweilen ihrer gedenken,
und sie lebendig erhalten
ein paar Herztakte lang?

ILONA BODDEN

Renées Tiere sprechen zu uns

Wir sahen euch im Gottestraume,
Wo ihr das Lebensfest begingt.
Dann kamt ihr zu uns ins Geraume
Und habt uns, groß und klein, umringt.

Ihr hobt das Haupt, den Hals, die Pfote,
Das dunkle Auge, rein von Zeit:
«Nun steigt doch aus dem Trauerboote!
Zur Un-Welt war es fahrtbereit.

Ach, fragt nicht nach dem Paradiese,
Ob es denn weit entlegen sei:
Es ist der Tag, der Wind, die Wiese,
Und wenn ihr wollt, ihr seid dabei!»

OSKAR LOERKE

Hinweise zu den Texten

Die folgenden Angaben, die dem Leser auch zu ergänzender Lektüre hilfreich sein können, nennen nacheinander: *Seitenzahl* des vorliegenden Buches; *Namen* und Lebensdaten des Autors oder *Sammelwerke*, wie ältere Lexika; *Titel* des jeweiligen Textes und das *Werk*, aus dem der Text stammt. Bei Abdruck von Teilen (Abschnitte, Strophen, Verse) aus einem Text wird dies angemerkt.

Besonderer Dank sei denen gesagt, die Texte aus fremden Sprachen eigens für dieses Buch übersetzt haben. Die *Texte aus dem Arabischen*, die hier zum erstenmal in deutscher Sprache erscheinen, hat GERHARD ENDRESS, ord. Professor für Arabistik, übersetzt. – Die Gedichte von *Thomas Gray* und *John Keats* wurden von KLAUS GÜNTHER JUST (gest. Juni 1977) für die Publikation in diesem Buch formgetreu nachgedichtet.

6 SPRICHWORT
In mehreren Varianten verzeichnet bei Karl Friedrich Wilhelm Wander: Deutsches Sprichwörter-Lexikon. 5 Bde. Leipzig 1870; Neudruck Aalen 1963. Bd. 2. Spalte 1169/Nr. 25.

9 CHARLES BAUDELAIRE, 1821–1867
1. Strophe aus: Le Chat/*Die Katze*. In: Die Blumen des Bösen. Dt. von Friedhelm Kemp.

10 WOLF HELMHARD VON HOHBERG, 1612–1688
GEORGICA CURIOSA. Das ist: Umständlicher Bericht und Klarer Unterricht von dem Adelichen Land- und Feld-Leben. [...]. Nürnberg 1682. II. Theil, Buch IX. Aus: Caput LXXIX.

12 THEODOR FONTANE, 1819–1898
Blanche. In: Kriegsgefangen. Erlebtes 1870.

16 THOMAS STEARNS ELIOT, 1888–1965
The Naming of Cats/*Wie heißen die Katzen*. Dt. von Erich Kästner. In: Old Possums Katzenbuch. Englisch und Deutsch.

18 ALTES KINDERLIED
Mündlich überliefert.

20 RUDYARD KIPLING, 1865–1936
Die Katze geht ihre eigenen Wege. Dt. von Hans Rothe.

27 JOHANN WOLFGANG VON GOETHE, 1749–1832
5. Strophe aus: *Begünstigte Tiere*. In: West-östlicher Divan. Buch des Paradieses.
Zu ‹Abuherrira› s. unten den Text aus dem Arabischen: S. 55. – Ernst Beutler erläutert: «Ganz der moslemischen Vorstellung gehört die Katze des Abuherrira (Abu Huraira) an. Von ihr und ihrem Herrn wußte Goethe durch Saadis ‹Persianisches Rosenthal›. Dort erzählt Olearius: ‹Abuherrira heißt ein Katzen-Vater, hat den Nahmen davon bekommen, weil er eine Katze sehr lieb gehabt und immer bey sich getragen, auch in öffentlichen Versamblungen. Hat zur Zeit Mahomets und nach ihm gelebet, war dessen sehr guter Freund und täglich umb ihn. Er hat den Alcoran ziemlich vermehren helffen, daher er für einen heiligen Mann ist gehalten worden, und wäre Sünde (meynet Saadi) wenn man der Katzen eines so heiligen Mannes etwa ein Stück Brot versaget hätte.›»

28 D. JOHANN GEORG KRÜNITZ's ökonomisch-technologische Encyklopädie, oder allgemeines System der Staats-, Stadt-, Haus- und Landwirtschaft und der Kunstgeschichte [...]. Berlin 1773 ff. – Abschnitte aus dem 36. Teil.

31 AL-DSCHÂHIS, um 776–868
Aus: Kitâb al-Hajawân/‹*Buch der Tiere*›. Dt. von Gerhard Endress.

34 THOMAS STEARNS ELIOT
1. und 3. Strophe aus: Bustopher Jones: The Cat about Town/*Schleckerjan*. Dt. von Friedrich Podszus. – Vgl. oben zu Seite 16.

36 KINDERSPRUCH
Verzeichnet in: Deutsches Wörterbuch von Jacob und Wilhelm Grimm. Bd. 5. Leipzig 1873.

37 FRANÇOIS VILLON, um 1431–1463
2 Verse aus *Ballade*. In: Mein Testament. Dt. von Martin Löpelmann.

38 JOSEPH VIKTOR VON SCHEFFEL, 1826–1886
Aus: Der Trompeter von Säkkingen. 7. Stück.

39 CHRISTIAN MORGENSTERN, 1871 bis 1914
Der Kater. In: Alle Galgenlieder.

41 SPRICHWÖRTER
a) Wander Bd. 2. Spalte 1173/Nr. 99. – Vgl. oben zu Seite 6.
b) In: Karl Simrock: Die deutschen Sprichwörter. Frankfurt/Main, o. J. S. 254/Nr. 5514.
c) Wander Bd. 2. Spalte 1174/Nr. 124. – Vgl. oben zu Seite 6.

42 BARTHOLD HINRICH BROCKES, 1680–1747
Die Katze. In: Physikalische und moralische Gedanken über die drey Reiche der Natur [...] als des Irdischen Vergnügens in Gott Neunter und letzter Theil. Hamburg 1748. – Vers 1–14.

43 Curieuses und Reales Natur-Kunst-Berg-Gewerck- und Handlungs-Lexicon. 5. Aufl. Leipzig 1722.

44 *Der Hund und die Katze*.
In: Finnische und Estnische Märchen. Die Märchen der Weltliteratur, hg. von F. von der Leyen.

45 AL-DSCHÂHIS
Aus: Kitâb al-Hajawân/‹*Buch der Tiere*›. Dt. von Gerhard Endress.

47 MAGNUS GOTTFRIED LICHTWER, 1719–1783
Die Katzen und der Hausherr. In: Vier Bücher Äsopischer Fabeln in gebundener Schreibart.

48 SPRICHWORT
Wander Bd. 2. Spalte 1174/Nr. 119. – Vgl. oben zu Seite 6.

50 JOACHIM RINGELNATZ, 1883–1934
Katze vor Anker. In: ‹und auf einmal steht es neben dir›. Gesammelte Gedichte.

52 JOHANN HEINRICH VOSS, 1751–1826
Vers 85 aus: *Der siebzigste Geburtstag*. In: Idyllen.

53 ERNST JANDL, geb. 1925
katze am abend. In: dingfest. gedichte.

55 AL-DSCHÂHIS
Aus: Kitâb al-Hajawân/‹*Buch der Tiere*›. Dt. von Gerhard Endress.

56 JOSEPH VIKTOR VON SCHEFFEL
Aus: 9. Stück. – Vgl. oben zu S. 38.

57 ILONA BODDEN, geb. 1940
Katzentanz. In: Da blies der Hund den Dudelsack. Gedichte für Kinder und Kenner.

58 WILHELM HEY, 1790–1854
Miezchen. In: Hundert Fabeln für Kinder.

59 JOSEPH VIKTOR VON SCHEFFEL
Aus: 5. Stück. – Vgl. oben zu Seite 38.

60 ERNST THEODOR AMADEUS HOFFMANN, 1776–1822
Abschnitte aus: *Lebensansichten des Katers Murr* nebst fragmentarischer Biographie des Johannes Kreisler in zufälligen Makulaturblättern.

69 JOSEPH VIKTOR VON SCHEFFEL
Die ersten 4 Verse aus: 11. Stück; die zweite Versgruppe aus 16. Stück. – Vgl. oben zu Seite 38.

70 JOSEPH VIKTOR VON SCHEFFEL
Abschnitte aus dem 9. Stück. – Vgl. oben zu Seite 38.

71 JOSEPH VIKTOR VON SCHEFFEL
1. Strophe des IX. Liedes des Katers Hiddigeigei. – Aus: 14. Stück. – Vgl. oben zu Seite 38.

72 LUDWIG TIECK, 1773–1853
Aus I. Akt/1. Szene von: *Der Gestiefelte Kater.* Ein Kindermärchen in drei Akten, mit Zwischenspielen, einem Prologe und Epiloge.

75 HEINRICH HEINE, 1797–1856
Strophe 1–3 und Strophe 9 aus dem Gedicht: *Mimi.*

76 JOSEPH VIKTOR VON SCHEFFEL
II. Lied des Katers Hiddigeigei. – Aus: 14. Stück. – Vgl. oben zu Seite 38.

77 JOSEPH VIKTOR VON SCHEFFEL
2. und 4. Strophe des III. Liedes des Katers Hiddigeigei. – Aus: 14. Stück. – Vgl. oben zu Seite 38.

79 JOSEPH VIKTOR VON SCHEFFEL
4. und 5. Strophe des V. Liedes des Katers Hiddigeigei. – Aus: 14. Stück. – Vgl. oben zu Seite 38.

80 THOMAS STEARNS ELIOT
The Rum Tum Tugger/*Der Rem Tem Trekker.* Dt. von Annemarie Seidel. – Vgl. oben zu Seite 16.

83 EDUARD MÖRIKE, 1804–1875
1. Strophe aus: 1866. *Die Katzen ‹Weißling› und ‹Sauberschwarz› heben an*: – In: Gelegenheitsgedichte und ‹Hausverse›. An Schwester Klara.

84 ARTHUR SCHOPENHAUER, 1788–1860
Aus: Die Welt als Wille und Vorstellung. 4. Buch, Kap. 41.

86 GOTTFRIED KELLER, 1819–1890
Aus: *Spiegel, das Kätzchen.* Ein Märchen.

88 SPRICHWORT
Verzeichnet in: Handwörterbuch des deutschen Aberglaubens, hg. von H. Bächthold-Stäubli. Abt. I/Bd. IV. Spalte 1111.

90 GAIUS PLINIUS SECUNDUS, 23/24–79
Aus: *Naturgeschichte.* Dt. v. C. F. L. Strack. Bd. I/11. Buch.

91 AL-DSCHÂHIS
Aus: Kitâb al-Hajawân/‹*Buch der Tiere*›. – Dt. von Gerhard Endress.

92 AL-DSCHÂHIS
Vgl. zu Seite 91.

95 Grosses vollständiges Universal-Lexicon Aller Wissenschafften und Künste, welche bisshero durch menschlichen Verstand und Witz erfunden und verbessert worden. Halle und Leipzig, Verlegts Johann Heinrich Zedler Anno 1732 ff. Bd. 15.

96 JOACHIM DU BELLAY, 1522–1560
Epitaphe d'un Chat/*Epitaph einer Katze.* Dt. von Jürgen Link. – Von den insgesamt 19 Strophen des Gedichts sind hier die Strophen 16, 17 und 19 ausgelassen.

99 GEORG SCHATZ, 1763–1795
Vers 1–3 und Vers 5–8 aus: *An Molly. Glycerens Lieblingskatze.* In: Bluhmen auf den Altar der Grazien. 1787.

100 THOMAS GRAY, 1716–1771
Ode on the Death of a Favourite Cat, Drowned in a Tub of Gold Fishes/*Ode auf den Tod einer Lieblingskatze, die in einer Goldfischvase ertrank.* Dt. von Klaus Günther Just.

102 SPRICHWORT
Wander Bd. 2. Spalte 1178/Nr. 227. – Vgl. oben zu Seite 6.

104 EUGEN SKASA-WEISS, 1905–1977
Die schöne Helena und die offene Tür. In: Zimmerherr mit schwarzer Katze. Heiteres und Nachdenkliches über Katzen.

107 THOMAS STEARNS ELIOT
The Old Gumbie Cat/*Die alte Tupfentapfenschecken.* Dt. von Annemarie Seidel. – Vgl. oben zu Seite 16.

109 RUDOLF HAGELSTANGE, geb. 1912
Ärger mit Schopenhauer. In: Zeit für ein Lächeln. Heitere Prosa.

115 ILONA BODDEN
Die verschwundene Katze. In: Da blies der Hund den Dudelsack [...]. – Vgl. oben zu Seite 57.

117 SPRICHWORT
Wander Bd. 2. Spalte 1172/Nr. 76. – Vgl. oben zu Seite 6.

119 GEORGICA CURIOSA, 1682
I. Theil, Buch V. Aus: Caput XXVI. – Vgl. oben zu Seite 10.

121 JOHN KEATS, 1795–1821
To Mrs. Reynolds's Cat/*Auf Mrs. Reynolds' Katze.* Dt. von Klaus Günther Just.

123 GUY DE MAUPASSANT, 1850–1893
Abschnitte aus: Sur les Chats/*Von Katzen.* Dt. von I. Strohschneider-Kohrs.

124 STÉPHANE MALLARMÉ, 1842–1898
Aus: Plainte d'Automne/*Herbstklage.* Gedicht in Prosa. Dt. von I. Strohschneider-Kohrs.

126 CHARLES BAUDELAIRE
Strophe 1 und 3 aus: Les Chats/*Die Katzen.* – In: Die Blumen des Bösen. Dt. von Friedhelm Kemp.

128 CHARLES BAUDELAIRE
Le Chat/*Die Katze.* – In: Die Blumen des Bösen. Dt. von Friedhelm Kemp.

130 IBN ASÂKIR
Târîch madînat Dimaschk/‹*Chronik der Stadt Damaskus*›, nach ad-Damîrî: Hajât al-Hajawân. Dt. von Gerhard Endress.

132 ILONA BODDEN
Epitaph. – In: Erinnerung an einen Obelisken. Gedichte.

134 OSKAR LOERKE, 1884–1941
Renées Tiere sprechen zu uns. An Renée Sintenis am 20. März 1938. – Gedichte und Prosa.

Der Abdruck einiger Gedichte und Texte erfolgte mit freundlicher Genehmigung der Copyright-Besitzer:

Charles Baudelaire, aus DIE BLUMEN DES BÖSEN, Exempla Classica 63, Fischer-Bücherei, Frankfurt am Main; Ilona Bodden, «Epitaph», aus ERINNERUNG AN EINEN OBELISKEN, Delph Verlag, München, «Katzentanz» und «Die verschwundene Katze», aus DA BLIES DER HUND DEN DUDELSACK, Ilona Bodden, Hamburg; T.S. Eliot, «Wie heißen die Katzen», «Die alte Tupfentapfenschecken», «Der Rem Tem Trecker» und «Schleckerjan», aus OLD POSSUMS KATZENBUCH; Oskar Loerke, «Renées Tiere sprechen zu uns», aus GEDICHTE UND PROSA, Suhrkamp Verlag, Frankfurt am Main; Ernst Jandl, «katze am abend», aus DINGFEST, Luchterhand Verlag, Darmstadt; Rudyard Kipling, «Die Katze geht ihre eigenen Wege», aus GESAMMELTE WERKE, und Rudolf Hagelstange, «Ärger mit Schopenhauer», aus ZEIT FÜR EIN LÄCHELN, Paul List Verlag, München; «Estnisches Märchen» und «Der Hund und die Katze», aus FINNISCHE UND ESTNISCHE MÄRCHEN, hg. v. Aug. Löwis of Menar, Eugen Diederichs Verlag, Köln; J. Ringelnatz, «Katze vor Anker», aus UND AUF EINMAL STEHT ES NEBEN DIR, Karl-Heinz Henssel Verlag, Berlin; François Villon, aus F. VILLON: DICHTUNGEN, Dr. Martin Löpelmann, Berlin.